给孩子的化学三书

原来化学可以这样学

吉布森 著

CHEMICAL

可以这样学

神秘的化学

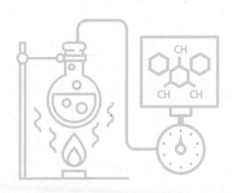

团结出版社

总 序

我国著名的物理学家、化学家，被誉为"稀土之父"的徐光宪先生曾说："化学是不断发明和制造对人类更有用的新物质的科学。化学科学是现代科学技术发展的重要基础学科。"

化学是基础性学科之一，任何科学都是在它的基础上进行的。不仅如此，它还涵盖了我们生活的全部，是一门与我们的生活、生产密切相关的自然科学。它就在我们的身边，与我们的衣、食、住、行紧密相连。学习化学，在掌握化学知识之余，更重要的是养成"化学思维"，也就是联系实际生活，养成从微观到宏观分析事物的能力，合理运用化学，将其与日常生活相结合，更深刻地探究事物本质。

为了从小培养孩子对化学的兴趣，帮助他们今后更好地学习化学，我们特地编辑了这套《给孩子的化学三书》。这三本书分别是法国科学家、博物学家法布尔所著，著名科普作家、翻译家顾均正翻译的《化学奇谈》；英国化学家、科普作家吉布森的《神秘的化学》；著名化学家、科普作家沈鼎三的《化学趣味》。

《化学奇谈》是一本内容广泛的化学科普读物，是法布尔任教时编写的诸多科普著作之一，由顾均正先生翻译，无论是著者还是译者，都可称得上是当时的"名家"。全书主要围绕保罗叔和他的侄子——爱弥儿和裘尔斯展开叙述，以故事体来写作，同时还有大量的对话，并不断地提出问题，很容易抓住孩子的阅读兴趣，间接地培养孩子独立思考的能力。同时，作者利用日常生活中的一切用具，开展各种有趣的化学实验，浅显易懂，引人入胜，让孩子产生自主学习的动力。就连叶圣陶老先生也说："《化学奇谈》虽然也是一本书，但不是叫人'读'的书，也不是叫人'记忆'的书。原著者法布尔用他的巧妙的笔把'试'字的工夫曲曲描写出来，使读者不仅具有化学的知识，并且能做化学的实验，同时又长进了"试"的能力，可用以对付别的事物。"

《神秘的化学》是英国化学家、科普作家吉布森所著。作者开篇便抛出问题，引领读者从浅学易懂之处逐步深入，并配有有趣的小故事，激发读者的好奇心，环环相扣。书中还生动地列举了"氧原子舞"和"氢原子舞"等新奇有趣的事物，帮助孩子更好地理解，加深认识，让孩子在玩的过程中，就轻松地学习了化学知识，可谓是一本妙趣横生的启蒙性化学科普读物。

《化学趣味》原名《化学初步》。化学是一门以实验为基础的学科，没有实验，化学就会变得抽象、难懂。作者从我们熟知的事物入手，将化学学习的内容大致分为"火""空气""水""地球"以及"金属元素""非金属元素"等几个方面，并将有趣、专业的实验和这几方面的知识结合起来，把难懂的化学系统、连贯地讲述清楚，是一部实验性化学科普读物。该书作者是我国著名化学家沈鼎三。他早年从事教育工作，编著有大量化学书籍，为各地大、中学校所采用。同时，还写了许多科普性文章，发表于《中学生》《新少年》等杂志。后期转而从事染料工业，首创靛蓝连续染色机。我们的五星红旗之所以鲜艳、不褪色，就是使用沈鼎三先生研制的化学性染料"旗红"。中国很多著名的染料专家都出自于沈鼎三先生的培养，他的一生是为中国化学事业发展奉献的一生。

这三本小书，创作至今已经长达半个世纪之久，涉及了化学学习中的各种问题，历经时间的检验，被一代又一代的读者所喜爱，这其中必然有它的奥妙所在。我们在整理出版过程中，尽可能的保持原著语言特色，在此基础上做了相关注释，方便读者更好地理解、掌握，对一些因时代变化已经不适宜的内容作了删减。这三本小书不仅可以帮助孩子开启化学研究之门，更重要的是让他们养成较强的动手能力和独立思考的习惯。愿孩子们爱上化学，专心致力于化学的研究，造福人类！

编者

2020 年 7 月

目 录

第一章　化学是什么

　　同学们对于有趣的神话故事，想来是人人爱听的，所以我先来讲一个古代的神话，让大家细心听着：

　　相传古代有一女孩，名字叫作辛得勒拉（Cinderella，是煤渣女之意），整天在家里做苦工，但她的后母和两个姐妹，都很骄傲地过着优越的生活，我想天真烂漫的同学们听到这样不平等的待遇时，对于辛得勒拉一定要表示同情了！所幸当后母、姐妹举行舞会以庆祝皇太子生日时，她也在座，恰巧神仙教母降临。同学们当然喜欢推测教母来后的奇特变化：一只南瓜忽然变成美丽的马车；六只小老鼠都变成灰色的花马，另一只小老鼠变成强健的车夫；六只蜥蜴均变作身材高大而且遍体金黄色的仆人。还有一种奇遇，即是卸去她的破旧衣裳，为她换上满镶金银珠宝的美服。其结果便是太子和她很美满地结了婚。

　　这个神话传遍世界，脍炙人口，经久不衰。有人探究其源，必定远在四千年前，埃及皇帝时代。今日若要获得确实的证据，当极困难。虽不论是否如此悠久，但古代确有此种神话，可无疑义。说法或许略有出入，但传遍世界却是不可否认的事实。

讲到化学，有时竟像辛得勒拉的遭遇。为什么呢？因为它的美丽未被人认识。虽然做了有益于人类的苦工，但人们却未加注意，眼见其姐妹科学，如电学、天文学等，头角峥嵘，蒸蒸日上，遂至忽视了化学的功绩（正和做苦工的辛得勒拉相仿）。但我并非侮谩其姐妹——科学（也非妒忌其安享舒适生活）。之所以说化学像做苦工的辛得勒拉，是要表明化学是曾经被人们所忽视的！

同学们如果听到化学上的奇特现象，自然会产生浓厚的兴趣，但最初听到神秘的现象，恐怕也不容易就相信呢！如将神秘的现象给同学们观察，加以解说，同学们自然可以深信了。

设有两瓶无色的气体，我告诉同学们说，这两种气体结合就成为寻常的水时，同学们定将认为我是在说笑话！但在化学上讲来，确实是对的。同学们读这本书不到半本时，便会知道这是确论，深信不疑了！

开始讲这故事时，就有好问的同学急不及待[1]地问道：化学是干什么的？

化学当然是研究某些科学问题的。什么是科学呢？我们可以说科学是研究学问的东西。严密说来，科学乃是一种有条理的学问。化学是科学中的一分支，专门研究物质的变化、成分的异同及其用途等的科学。[2]今举例来说：化学说明空气的成分和人类呼吸空气所发生的变化。同学们中绝没有认为呼吸空气，仅仅是好玩的。化学又叙述水的成分，以后同学们自然可听到有趣的事实。

今有某种特种金属，它遇水便易燃烧。如与某种刺鼻难闻的气体结合，便生成日用必需的食盐。这一个神秘的变化，谅同学们是难以相信的。但经详细研究，就会知道确是事实。实际上，不用这种方法采取食盐，因地球里有大量的盐床，海水里含有较多量的盐。若将海水煮沸，水分蒸去，即有固

1.急不及待：急得不能等待。形容心怀急切或形势紧迫。（编者注）
2.现在的化学定义是，研究物质的性质、组成、结构与变化规律的科学。（编者注）

体盐粒残留。用这种方法可以说明盐床生成的原因，但食盐是怎样到海水里去的呢？

地球自有历史以来，有一段时期海水中是没有食盐的。后因河水侵蚀地壳，被溶解的食盐才逐渐随海水流入海中。

化学又讲到煤炭燃烧所发生的变化，以及发生变化的原因。煤烧尽后，煤究竟往何处去了？虽然生成别种物质，却没有真正地消失！

同学们站在安全地带时，都喜欢看看爆发的玩意，因爆发这种现象神秘而有趣。化学能说明爆发所发生的变化。化学是人类的好友，协助我们避免爆发所生的危险，又明白地告诉我们如何正确使用炸药，而不伤及人畜的方法。像汽车和机械脚踏车等，都是应用爆发作用，才能够行驶的。

开掘矿穴，真是一件千辛万苦的工作。如果取用炸药，炸成深洞并不费事。化学又能说明炸药的制法及避免矿中意外爆炸的方法（因有一位化学家，发明了矿用安全灯）。

化学还可以说明制药的方法，用于医疗，减轻痛苦、延年益寿，化学真是人类的救星！

食物消化的原理，身体温暖的原因，维持生长的要素，以及呼吸空气的原因等，化学都能明白地讲述清楚。忽有一位同学问道：化学中有许多物质，又怎样认识它们呢？

第二章　认识化学

同学们通过别人的交流，才知道一些物质的名称和用途，实际上自己发觉的却是极少数。例如，自家所有的物质，多经过父母师友等说明，才知道许多名称。又常说出一些物质，只是书本上看到过，实际上从来没有看到过。

同学们今日所看到的物质中，有些在你们祖父那个时代，是从来不曾梦想得到的。这是什么缘故呢? 因为化学家不断地发现新物质，并将其方法传授后人。我们的祖宗所知道的物质，比我们现今所知道的少得多。因为远古时代的初民，对于物质的真义实际上知道的是极其微少的。但人类富有创造性，能将许多物质的真义发现出来。同学们知道地球上自有人类以来，他们就会发现物质，但怎样知道化学中的物质呢? 我们的祖父时代发现的物质实际已不在少数。某老化学家曾经说过:"在青年时代，的确可说是无所不知，无所不晓，但在现在，不敢再作这种夸大的论调了。"为什么呢? 因有很多的新物质，是最近才发明或发现的。

化学的研究，是在何时何地发展起来的呢? 追溯其起源，在数百年前，发祥于僧院之中。

英国有一位僧侣叫作罗吉尔·培根（Rogor Bacon），生于1214年。博学多能，曾经著过化学书，确信是英文本中最早的。培根从什么地方获得这种学问呢？

这位僧人藏有大量阿拉伯文化学书，是从阿拉伯经过西班牙而来的。我们要感激阿拉伯人，不仅是因为著有《天方夜谭》等著名的故事书，且因其首创药方，为今日医药界的先锋！

阿拉伯人又怎样获得化学知识呢？根据历史上的考证，是从古代埃及而来，似乎不致错误，因知化学的宝库，藏于古代埃及者必经历长久的岁月。为什么会到阿拉伯呢？当不难于推测。因为千余年前，阿拉伯和埃及发生了战争，阿拉伯于战胜之余，乃将所有化学著述席卷而归。

古代的化学家，应称为"炼金家"，至于近代的化学家，仍被称为"化学家"。这是什么缘故呢？

古代的"天文学家"被称为"占星家"，是因古代的占星家并不是研究星象而得到真正的知识，仅是观星象而占吉凶的。用星象之说预知祸福，以博人民的信仰，今日科学昌明，这种"占星家"在淘汰之列，自属当然。

"炼金家"却不像"占星家"。炼金家中不乏热心研究化学的人，其目的并不在于获得各种物质的知识，而是寻求贱金属（如铅等）变成黄金的方法。倘有人果真获得这秘密，当然可以独享财富，但必须严守秘密，否则易被人窃获。于是黄金之多，俯拾即是[1]，其价格必不能再比铅、铁为贵。

炼金家因有此种不得已的苦衷，乃将其想象的发现，用荒谬的文句写出。所以古代埃及炼金家所著之书，都是荒唐不经之词。这些书籍传到罗马，就被皇帝放在火里烧毁了。

化学的著作，约自第4世纪始。在1200年前，有一本化学书，是阿拉伯人吉伯（Teber）所著，书中语多悖谬。话虽如此，此种观念，并不希望同学们完全抛弃。他们曾经发现许多新物质，唯对于少数可协助"变贱金属为黄金"者，才觉得有兴趣。有此功效的物质，就叫作"哲人石"。炼金家又发明许多

1.俯拾即是：指低下头来随便一捡就可得到。形容十分多，又十分容易得到。（编者注）

化学方法，但除有助"哲人石"的搜索者外，余多视为无足轻重。

炼金家在实验室中，不仅努力做"变铅成金"的实验，而且满望发现长生不老的药品。英国僧人培根，在600年前所著的书上，有这样的一段故事："某日，西西里岛（Sicily）有一位老翁，正在田中耕种，忽然发现一只金瓶，里面贮满黄色之水。老翁乃一饮而尽，遂变为翩翩的美少年！"我期望同学们说一声："胡说！"同学们说得对呀！这件事真是荒谬绝伦！然而培根竟将这种毫无根据的故事，献呈罗马教皇。聪明智慧如培根，他竟相信这种荒唐故事，可无疑义。

变贱金属成黄金的观念，并不因炼金家的绝迹而消灭，虽时至200年前，化学家仍信变铅成金之说。但自此以后，这种观念乃渐趋于消灭。

地球中有定量的黄金，人力是不能增减的。有一位同学说能从金矿中制出黄金。实际上不能说制出黄金，因为金矿中的黄金，并不像煤矿中的煤块。金矿取出，并看不到金黄色的黄金，要用机器磨碎石块以后，才可以分离而出。因此，黄金不可以说是制出的。

炼金家早就知道金矿的一些事实，但未明了黄金是有定量的，人力对它不能增减的，于是不断地努力，搜索贱金属变为黄金的方法，已如前述。炼金家常说探索"哲人石"，如果获得，便可变铅为黄金了。

炼金家常有一种幻想：以为有一种"幻石"，和小说上所说的"仙棒"有同样的功效。他们相信有些物质和铅作用，会逐渐变成黄金。炼金家一心搜寻这种神秘物质，但对于其他物质，则漫不经心，如此经过悠久的岁月，于化学上鲜有进步。直到距今200年前，化学家还没有放弃对"哲人石"的搜求。等到觉悟这是没希望的幻想时，才开始做些实验，以期明了物质的性质。到了这时候，真正的化学研究才产生出来。

今日化学知识的丰收，多是由实验而来，所以先做几种实验看看，我想同学们是一定欢迎的。

第三章　几种简易的实验

同学们对于实验，大都是喜欢玩弄的。本想将许多实验，详加叙述，只因一则要有大量实验器具和药品，二则有许多实验难做难解，三则译者已写就几本专供实验的书，不必再重复列举。所以决定选择下列几种简易的实验：

先讲氢的制造，氢气瓶中如果误混进空气，点起火来就要爆炸。实验时应该特别当心。

虽说是制造氢气，但氢气并非由别种物质混合而成的。譬如，同学们曾搀糖于面粉中，调以清水，捏成各种形状，放到蒸笼中制成熟糕饼。但制造氢气，并不能应用此种观念。因为糕饼是糖、面等物的混合体，氢气中只含有氢元素[1]，并没有掺杂别种元素。所以说制造氢气，是要从含有氢元素的别种物质中，设法引导出来。因为存在于某物质中的氢，是与别种元素错杂组合，而不是分离存在着。只是某物质中的一种元素，并不容易把它分出来。因此，要用些化学力量，才可以把它提取出来。

分离氢的工作，要应用玻璃瓶和试管。我来组装仪器，希望同学们留心

1.元素：是质子数（核电荷数）相同的一类原子的总称。详见第四章。（编者注）

观察：

先取两口瓶一只（大口瓶代替即可），两口各装木塞。一塞之上插有长颈漏斗伸到瓶底，以便倾注液体之用。另一瓶塞上插一曲玻璃管。管上套一橡皮管，引至水槽中。另取试管一支，满盛清水后，倒立于盛水的水槽中。再将橡皮管口移置试管口下。如第一图的式样。

第一图 制造氢气
两口瓶中发生反应产生的氢气，经由细玻璃管，到达水槽中，生成气泡，将试管中的水压下，遂获得满管的氢气。

同学们看见这支曲玻璃管，不知道怎样弯曲而成。我取一玻璃管，送到灯火上灼烧。且烧且转，等到红热时轻轻向下弯曲，离火待冷便可制成。若让同学们去做，十有八九是失败的！为什么呢？因为同学们大半性情急躁，不及等到烧红便用力硬去弯曲，结果便容易折断。

两口瓶中产生的氢气，不能从漏斗中逸出，因漏斗末端没于液内之故。只好飞向曲玻璃管，经由橡皮管，从没于水中的管口上逸出，即被倒立的试管所捕集。

氢气究竟怎么产生的呢？先盛入几块锌粒（这种金属外观上似铅，但硬度较大）于瓶中。有一位同学说锌粒不是氢气的来源。锌是一种单质[1]，只有锌的成分，而没有别种成分。这个说法，当然是对的。另有一位同学说锌中

―――――――――――

1.单质：同种元素组成的纯净物。详见第四章。（编者注）

既然没有氢，为什么要将它投入瓶中呢？我唯一的答复是"静观后效"！

次取水半杯，滴入少量酸。此时桌上置有盐酸和硫酸各一瓶，两种均可有效。踌躇半晌，决定取用硫酸滴入杯中（万不可将水倾入硫酸中，因硫酸飞贱，容易伤人）。然后将这种液体，从漏斗口注入，遮没（mò）锌粒。立刻产生气泡，冒出液面，这就是氢气泡，当由曲玻璃管而至橡皮管口逸出，捕集于试管中。同学们以为我所捕集的，一定是氢气，其实并不正确。因两口瓶中本来有空气存在，初产生的氢气，当然要努力驱逐瓶里的空气，所以起初所捕集的气泡，是空气和氢气的混合物。如果用火燃烧是要发生爆发的。所以制造氢气，必须先放弃许多气泡，大约要等待几分钟以后，空气已被驱尽时方可捕集！

隔数分钟后，可以捕集纯粹的氢气了。怎样知道试管中的氢气，不再混有空气呢！方法很简易，先将试管装满水后，试管中就没有空气。再将试管倒立于水槽中，水不致流下。此事可另作一个简单实验证明之：试轻轻提起试管，只要试管口不离水面时，试管中的水即不致下落，今将试管倾斜，使空气钻进少许，试管中就产生气泡，便将试管中的水稍稍压下。

今将两口瓶中的氢气，通入盛满水的试管中，试管中就产生气泡，将水压下。等到试管中的水全落下，试管外面随即产生气泡时，方可提起试管，离开水槽，口仍须向下，趁着移近火焰时，即将管口对着火焰，就发生暗淡的火光，氢气燃着。更做一个爆发的实验：试管中盛水约及三分之二，其余的三分之一空着，当然是空气。倒立于水槽中，照样捕集氢气后，燃火即生爆炸之声！检视试管，并未破裂，因为试管口大，爆发的气体得从管口逸出。如果用细口瓶，爆炸所生气体，一时不易逸出，便轰然一声，玻璃瓶爆裂，甚至碎片横飞，很是危险！如瓶内空气未曾驱尽，则所捕集的氢气燃烧时也有爆鸣声，借此可以证明瓶内空气究竟驱尽已否。

氢气显然是从锌粒上产生出来的，却没有人料到是从锌以外的物质中产生的。同学们的判断能力薄弱，原不足怪！

有一位同学说，氢气不是从水产生，便是从酸而来。这个判断，是不错的，但未见得是聪明的判断，因在瓶中，除了锌、水和酸以外，并没有别种物质存在。

设有两人，站在已被打开的保险箱旁边（要假定没有第三者来过），当然可以断定不是甲开，就是乙开的。但须提出证据，证明究竟是谁开的，方为合理。

另有一位同学，知道水的成分中有氢存在，因之相信氢是从水中出来的。这个说法，也不能令人深信无疑，必待证实酸中不含氢以后，才可以使人确信呵！譬如说：有一位慷慨输将[1]的朋友，投进救国捐箱中十万元，可以料到是某甲所捐输[2]，因为他很富有。但事实上某甲是个守财奴，分文未曾捐输过。某乙虽无多金，因念国难严重，爱国心切，的确慨然捐输了这笔巨款呢！

或有人认为氢是从酸中产生的。这种判断仍恐不免出于猜测。话虽如此，这个猜测却是对的。且说瓶中化学变化究竟怎样呢？这种酸是由氢和别种成分组成的（此处未便深究）。等到发生化学变化时，那个别种成分就和锌反应，将氢的成分放逐出来，而成气体，直冲而出，捕集于试管中。可以燃火，发生暗淡色之火光，或者混进空气，作爆发的实验。

次讲氧的制造。氧气的实验，当然是同学们所喜欢玩弄的。只要明白第二图，就容易知道实验的方法。

1.慷慨输将：毫不吝啬地捐献财物帮助人。（编者注）
2.捐输：指因国家有困难而捐献财物。（编者注）

第二图　制造氧气

烧瓶中送进药品后，加热，即产生氧气。这种气体，经由细玻璃管达到
水槽中，生成气泡，排去试管中的水，即可集满。

取硬玻璃制的烧瓶一只，瓶口装一木塞，塞上穿洞，插入一支变曲长玻璃管。烧瓶架于一只铁架上，瓶下放酒精灯以便烧灼。一位同学问道，瓶要烧破吗？我说只要瓶中是十分干燥，并不容易烧破的。

同学们要留心投入瓶中的物质：取少许白色结晶体，叫作"氯酸钾"，再加进一些黑色粉末，叫作"二氧化锰"。两种物质混合均匀以后，即送进干燥的烧瓶中加热。同学们不免这样想：氧气是从二氧化锰中产生的，因为这种药品中有氧成分存在，这种论断是对的。若说氧气是从氯酸钾中产生出来，当然也是对的，因为氯酸钾中也有许多氧。若将这两种物质，分别放进烧瓶中加热，都可以制出氧气。话虽如此，今将两种药品混合后加热，不必要高温度，就会产生氧气。

试看水槽中有气泡发生，等烧瓶中的空气驱尽后，就集满一试管的氧气。有一位同学，用警告的语调提醒我，勿将试管接近火焰，他以为氧气像氢气一样，是要发生爆炸的。但事实上，氧气不能燃着，虽混有空气，也无爆发的危险！

氧气既然不能燃烧，怎样知道试管中是氧气呢？这种气体虽不能燃烧，但能帮助别种物质燃烧，发生强烈的光辉。今将满管的氧气，来做实验：

取中国旧式蜡烛一支，着火以后吹熄火焰，残留火星，随即送进氧气管中，火焰复发，大放光辉！

另有一种实验须取满一大瓶氧气，方可做得。我说一支铁丝，可以在氧气中燃烧，同学们听到，准会说我在"说笑话"，但事实胜于雄辩，且看我来实验。先将一支铁丝系于烛扦上，另端绕以火柴。火柴着火后，随即送到氧气瓶中（瓶中应稍留水，以防瓶破）。火柴燃尽时，铁丝即开始燃烧，发生强烈的星光，四处飞溅，煞是好看！如第三图式样。

第三图　燃烧铁丝
试将铁丝烧红，伸入盛氧的瓶中，铁丝即燃烧，发生炫目的强光。

另有一种实验，也是同学们常喜欢玩的。取大号玻璃瓶两只，一只盛满氧气，另只不盛什么（即是盛满空气）。将烛扦上的短烛，燃火以后，沉入空气瓶中继续燃着，片刻后，火焰即逐渐暗淡，终至熄灭。乘其火星未熄时，赶快移入氧气瓶中，则火焰复发，光辉强烈，令人目眩！如第四图的式样。如果烛匠制出的蜡烛，在空气中燃着，能放出如此强烈的光辉，真可享受无上的荣誉了！

燃烛于空气瓶中，为什么顷刻即会熄灭呢？有人说，是瓶内的空气用完了。这个说法未见准确。因为一瓶空气中，有大部分的氮，不能帮助燃烧。假定一瓶空气均分作五等份：氮气约占四份，氧气只有一份。空气大约是四份氮和一份氧的混合物。着火之烛将一份的氧几乎耗尽，剩下的氮气便不能再助燃。那么一份氧气，用到什么地方去了呢？它和蜡烛成分中的碳结合，成为另一种气体，叫作二氧化碳，或叫作碳酸气。这种气体，不支持燃烧。若将燃烛伸进二氧化碳中，会立刻熄灭，像将燃烛伸入水中一样。

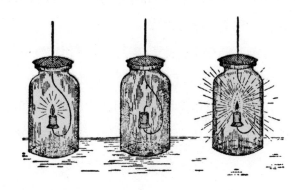

第四图　燃烛的实验

左瓶中是空气，盛入燃着的蜡烛，片刻以后，火即熄灭，如中间的玻璃瓶所示，其原因已在本文中说明。有瓶中满盛氧气，燃烛沉入后，能放极其明亮的光辉。

再讲二氧化碳（俗名碳酸气）的制造。取制氢用的两口瓶一只，中盛大理石十余粒，浸没水中。由漏斗口注入盐酸，便产生二氧化碳气体，由另一曲管放出，通到直立的大瓶中即得。

将一只老鼠，投入盛二氧化碳之大瓶中，不久便会结果它的性命，像落水溺死一样。

有一位同学说，把一只老鼠送到氧气瓶中，将有什么现象呢？一只老鼠落到氧气瓶中，顿呈欢欣鼓舞之状。因得大量氧气供其呼吸，所以它的性命能维持得很长久,但等氧气耗尽,还是要闷死的!

总括上面的几种实验,同学们已经知道氢、氧、氮和二氧化碳几种气体的重要性质了。

氢气还有一种特性,我们还没有注意到呢! 氢气的重量极其轻微,所以俗称轻气。寻常要将一种液体或比空气重的气体倾入另一器中时,只要由上向下倾注便可,但若将氢气移进另一器中,必须使它由下向上浮升才有效。氢气由下向上浮的情形,就同空气在水中会向上浮一样。

所以气球装进氢气,可以直升云际。齐柏林飞艇(Zeppelin),载客装货,飞渡大洋,就是利用氢气球的力量。

氢气是所有气体中最轻的。氧气、碳酸气等都比空气重。如果室中空气沉静,可以将这些气体向上或向下倾注于别种器皿中。

若再讲些有趣的事实,当然是好的,但如讲些目不能见的理论(暂且叫作“不能见之砖石”),则对于明了物质的性质,想来更有益处!

第四章　不能见的"砖石"

关于"不能见的物质"的故事，同学们多少总知道一些。例如，从前有一个杀人妖精名叫杰克（Jack），佯称[1]自己救了三头大妖性命之后，获得了三件法宝。其中之一，是一件衣服。只要一衣披身，就没有人能够看见他的身体。杰克自从获得这件法宝以后，便能杀死"拘禁美妇的老术士"。

又有希腊神话中叫作"盔"的故事，说如果头戴这种盔时，可使身体完全隐没不见，更有《皇帝的新衣》一故事，是古代著名童话家安徒生（Han Christian Andersen）的杰作。这个故事是讲，两个骗子佯称织成一件美服，凡职位不称的人或是愚人去看这件神秘的衣服时，就具备着不能见的性质。同学们知道人民、政府官员，就连皇帝本人，对于这妄称织成的衣服，如说看不见时，就有被称为愚人或不称职的厄运，于是大家只好齐声谎称看得见这件衣服。又说皇帝穿上这件神秘的衣服出巡时，人民虽不见此衣服，却个个都赞扬这件衣服的美丽。但一位小朋友一声道破皇帝并没有穿着这件衣服，此消息传遍全国以后，就连骄傲的皇帝，也是深信不能见的事实，乃是确实没有这件衣服的存在。

1.佯称：虚假地声称。（编者注）

但我要告诉同学们的"不能见的砖石",却与此迥异。砖石虽是渺小得不能见,但确实是存在的。

前章所做几种实验,像氢气、氧气等,眼睛是无法看见的,但是有方法能证明其确实存在。那么,不能见的砖石,究竟是什么呢?

同学们不可误认物质除不能见的性质外,是和寻常的砖石相似的。之所以用"砖石"两字来叙述,是因世界万物都是由它建造而成的(当然连人也在内)。所谓不能见的"砖石",并不是像寻常砖石的缩影,同学们应记得在第一章里,曾经设想化学好比是一个可怜的女孩子。外观上当然是不相类似的,但可帮助我们理解化学隐藏的美丽。同样,以不能见的粒子当作砖石来看待,可以帮助人们相信万物是由这种粒子构成的。科学家对于这种不能见的"砖石",就命名为"原子"[1]。

不能见的"砖石"究竟是什么物质所组成?这些"砖石"都相同吗?究竟大小如何?现在有一个好机会,以测验我们的想象力。同学们善于想象,会捏造神仙的奇特动作,则对于我所说的渺小原子应当更易想象了。但同学们想到神仙故事,应该知道这是虚构的,想象到原子时,应该明确这的确是实在的,应当记清。

首先要说明一个问题,不能见的"砖石"究竟是什么物质所组成的?当我说原子是由"电子"组成时,同学们准会呈惊骇状态!以为这话非常滑稽!但总得相信原子是由"电子"所组成的!这里有几个原子图,倘若真能看见原子,想来就是这个情形。

同学们看第五图很奇特!圆黑点是什么呢?中心阴影是什么呢?阴影外围的虚线圈又是什么呢?

1.原子:是化学变化中的最小粒子。(编者注)

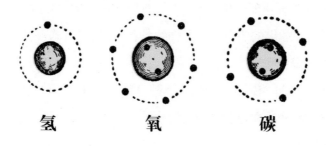

氢　　　　氧　　　　碳

第五图　原子图

原子究竟是什么物质组成的？试读本文，便易知晓。

$$原子\begin{cases}核外电子 & 每个电子带一个单位负电荷 \\ 原子核\begin{cases}质子 & 每个质子带一个单位正电荷 \\ 中子 & 不带电\end{cases}\end{cases}$$

同学们曾经听过电有两种吗？这是很容易证明的：一种叫作阴电，另一种就叫作阳电。因要保持化学的范围，这个道理暂且不表。

图中虚线处的圆黑点表示核外电子数，每个电子带一个单位负电荷；中心阴影部分表示原子核及核电荷数（质子数），每个质子带一个单位正电荷。[1] 原子核的周围，为什么用虚线圈呢？因为电子并非停止不动的，而是绕着原子核依圆形而运动。所以画成虚线圈，是表示电子所走的路线。

原子核中的电子当然也是运动着的，很像环形舞中电子的持续舞蹈。什么时候才停止呢？它是永不停息的。就是所谓"永动"。如果同学们以为永动（永不停息）是不可能的，只要注意月球总是绕着地球而行的情形，就容易明白了。月球绕着地球，而地球又绕着太阳运动，历亿兆年而未见停息。如果读到天文学书籍，便可知道还有许多星球也是运动不息的。同样，电子也是绕着阳电核，以极大的速度运行着。所以一个原子，实际上是一种渺小的转动电子系——只是"电"的运动。

1.即上文所述的"阴电"和"阳电"。下文同。（编者注）

原子只有第五图所示的三种吗？不对！已经发现了九十余种原子[1]。如果有九十余种不能见的"砖石"，每种各备若干，建造各式各样的房屋，同学们知道能造多少种呢？

具备不能见的"砖石"，一切物质都可建造出来。一种物质可以仅用一种"砖石"建造，也有用两种或两种以上的"砖石"建造而成，这就是生成各种物质的原因。

依同样的道理，分子是[2]由原子构成的。有些分子是由同种原子构成，如一个氧分子是由两个氧原子构成；一个氢分子是由两个氢原子构成；一个水分子是由一个氢原子和两个氧原子构成。而大多数分子由两种或两种以上的原子构成。

此外，在化学上将质子数（即核电荷数）为八的所有氧原子统称为氧元素，同样，将质子数为一的所有氢原子统称为氢元素，将质子数为六的所有碳原子统称为碳元素。可见，元素是质子数（核电荷数）相同的一类原子的总称。由同种元素组成的纯净物叫作单质，由不同种元素组成的纯净物叫作化合物。

一位同学说他自己是由原子构成的，当我说"的确不错"时，他又说是由同种原子构成的。这位同学真是天真烂漫，能说出这种话来，却没有人能相信人是单质。人体是由多种原子构成的，主要成分为碳、氢、氧以及氮等。人体不仅由多种化合物所组成，而且具有生命。生命的存在，可使组成身体的原子不断地起化学变化，以组成新物质来组成我们身体的原子和组成别种物体，如星球的原子，这二者是没有两样的。这个事实，难道不够神秘吗？但在化学变化中原子既不能创造，也不能毁灭，只能够将不能见的"砖石"来建造各种物质，但希望同学们记好，人类并不是由同种原子所构成的，是由原子组成的多种化合物构成的。

1.在我们现在看来，原子的数量远大于这个数。（编者注）

2.分子：由分子构成的物质，是保持化学性质的最小粒子。下文同。（编者注）

谈到单质和化合物时，有两位同学发生争执。我说食盐是一种遇水发火的金属和一种有刺激性气味的气体反应产生的。一位同学说这是错误的，因为曾经见过这种金属，名字叫作钠，比铅还软，容易用刀切开。一小块钠放到潮湿的纸上，便会发火燃烧。又曾看见别人做过我所说的一种刺激性气体的实验，颜色黄绿，叫作氯气。倘若食盐真是这两种物质混合而成，不信可以送进口中。这个争论渐趋激烈，所以我必须出任仲裁，来说明究竟。

假设食盐是钠和氯气混合而成，食盐不能进口，这句话我很赞同，因为我不愿口中有火花产生，甚至肠胃中也会爆炸；不愿吸进氯气，因有刺激难堪的气味。我从来不曾说过"食盐是钠和氯气的混合物"这句话。我的意思是说，食盐是由钠元素和氯元素组成的化合物，同学们应该明白。

同学们还是呶呶不休地辩着，以为这与钠和氯混合成食盐的意思无甚分别。此时我认为所讲的还未能满意，于是再用比喻来说明：

设有劳工数人，运来许多砖块，另有工人运来大量琢好的石块。乃雇工用砖建造一个高耸的烟囱。离此数十步外，另用石块砌成一座厂屋。同学们自会知道砖造的烟囱和石建的厂屋，是两种绝不相同的建筑物，烟囱形似圆柱，直升高空，不能当厂屋之用；厂屋宽大，却不能作烟囱之用。这两种建筑物，性质和用途是完全不同的。

设若砖石齐备以后，事实上并未建造烟囱和厂屋，而命工匠建造一所伟大的科学馆。用石砌外墙，砖砌内墙。那么，现在用于造科学馆的材料，即是准备砌造烟囱和厂屋的材料。但这座科学馆，并非连接烟囱和厂屋而成，事至明显。同学们，烟囱和厂屋永不存在，和科学馆是没有关系的。但事实上，用以砌造烟囱和厂屋的材料，与建立科学馆的材料，没有分别。

我想同学们应当知道这种比喻的意义了。纯粹钠原子可以构成一种物质——金属钠，遇水而有发火的奇特现象。有些同学问为什么发火呢？此是后话，容再答复，较为妥当，此刻所要注意的，是钠原子构成金属钠，氯分子则构成另一种气体。不能硬将这两种物质混合起来，倘使在没有组成金属钠和氯气时（相当于未建烟囱和厂屋时），钠原子和氯原子结合成为白色固体化合物，这叫作氯化钠，就是食盐。食盐这种物质，既不是金属，又不是气体，更不是两种物质的混合物。

我深望同学们要相信食盐、水等化合物，并不是由两种或两种以上的单质混合而成的。化合物和单质，上文我们已经阐述过了，它们好比是不同的建筑物。我们建立的科学馆，虽说是用同样的砖和石建造的，却不是烟囱，又不是厂屋。我之所以不惮其烦，设喻深说，期望同学们非常了解这些，因为我觉得有些成年的学生，一部化学虽学习过半或习完以后，竟对于化合物、混合物和单质的区别，往往还弄不清呢！

黄金是一种单质，是金原子构成。有人以为一个金原子，即是一个不能见的金粒子，倘使原子是能见的，那就是金黄色的一微点。这是错误的，金原子并不是呈黄色坚硬的固体。因原子能结合，成为不同性质的物质，如成为固体、液体或气体，氯原子并不是气体，也没有气味，更没有黄绿之色，不过假想是一个简单的原子而已！等到其真正存在时，已是许许多多的原子互相结合了。

若常留意原子只是跳跃电子的一环，就不难了解食盐的组成。它虽是由构成金属钠的钠离子和氯气的氯离子结合而成[1]，然与此两物是完全不同的。这个区别，比厂屋、烟囱和科学馆，还要来得鲜明。

有些同学说，能见的物质是由不能见的原子构成的，不懂这是什么道理？所以我决心在下章里详加解说。

1.金属钠与氯气的反应中，钠原子的最外层有一个电子，氯原子的最外层有七个电子，当钠与氯气反应时，钠原子最外层的一个电子转移到氯原子的最外层上，这样两者都形成相对稳定的结构。在上述过程中，钠原子因失去一个电子而带上一个单位的正电荷；氯原子因得到一个电子而带上一个单位的负电荷。所以，这种带电的原子叫作离子。下文同。（编者注）

第五章　让不能见的"砖石"变得能见

在前章里，已经知道皇帝的衣服是不能见的，因为只是想象其存在，绝没有实际存在的道理。我所说的不能见的"砖石"（原子），虽不能见，然而实际上是确实存在的。

同学们如果看显微镜，就知道镜头底下的物质，是非常放大的。譬如观察蝇翅的边缘，可以看到很细的丝。观察荨麻叶背时，可以看到满贮毒液的尖刺。同学们一不小心，手指误触到这尖刺上，所以感到痛楚，就是有毒液侵入的缘故。

从显微镜中可以看见一些微生物，我想同学们都已知道。我正想说明什么是微生物时，适有一位同学说原子比微生物还要微小，这句话自然是对的，因微生物往往由异种千万原子构成。有些微生物非常微小，虽是高度显微镜，也不容易看得出。聚集几百万个原子才成为一个微点般的微生物，所以我们休想看见原子的真面目。虽用极高度的显微镜，也没有方法看到原子[1]；即使数百个原子聚在一起，还是不能看见的。如有几百万个原子结合在一起，成为微点时，只有用极高度显微镜才可以看得出来。

1.现在的显微镜已经可以看到原子。（编者注）

假设我们乘坐飞机上升高空，作飞渡沙漠的壮举，沙漠中虽间有旅行家骑在骆驼背上向前进行，但因飞机飞得很高，我们俯视大地却也什么都不得见。虽着黑色之衣，也不能发现其丝毫痕迹，这实在是飞得很高的缘故。纵使三五成群，也不能见；然若千百成群，结队而行时，或可隐隐约约看见好像一缕黑线，缓缓前移，仿佛像蚯蚓般蠕动。当然不能将个体分辨清楚，料想是一群人畜向前行进而已。设若吩咐这一群人畜，逐渐分散，使两者之间各离若干距离，依然继续前进，则从飞机上俯视，但见一缕黑线渐次散开，颜色渐淡，以至于痕迹全无。话虽如此，但旅行家和骆驼，却依然存在，只因单独的人畜显得格外渺小，遂使在高空中的我们不得看见。

玻瓶中盛水少许，一望便见。用火烧煮，可以使水变成看不见的水蒸气，像第六图的样子。

加火煮水，不久便会沸腾，放出蒸汽。我想同学们应当知道蒸汽不过是高温度的水而已。

同学们曾经看见过蒸汽吗？我可断言所得到的回答，一定是"常常看见的"。同学们错了！你们看见的不是真正的蒸气，而是水雾。

我为了这个问题，曾经向一位青年学生解释过：一只烧瓶里盛水半满，瓶口装一木塞，塞上插一曲管。瓶下用火加热，像第六图的样子。沸腾所生的蒸汽，被逼而由玻管口喷出（看第六图）。我即指着管口和寻常所谓蒸汽的中间部位，告诉这位学生说："这个空白的部位，才是真正的水蒸气，确乎是不能见的，能看见的只是水雾，这种水雾是由极小的水滴而成。设将冷匙接近水雾，它便凝成清水下滴，这就是蒸馏水。"

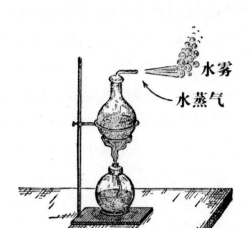

第六图　水蒸气不可见的证明

烧瓶中盛水半满，加火煮沸，水蒸气遂从细玻璃管口喷出。水蒸气是不可见的，可见的是水蒸气稍冷以后变成的水雾。

　　将这个实验给这位学生看，他觉得很有趣。数日后，我听得他告诉别人，说我做的一个实验，使他看见从来没看见过的蒸汽。我的实验，是示以蒸汽是不能见的，结果适得其反。我平时向学生提出问题，却往往得到出人意料的奇特答话。在科学上，只有一知半解的人出言常常错误，所以我对于问题，往往不惮其烦，详加解说，务必使人彻底明了，免生误解。现在我渴望同学们相信我常说的不能见的原子，实际上的存在，好像触目皆是的物质一样。蒸汽虽是不能见，但其确实存在，正和水雾与液体水一样。

　　空气是不能见的！但从来不曾有一位同学，对于空气的存在，发生过怀疑。空气之所以不能见，实因空气中粒子太散漫的缘故，好像沙漠中的旅行家单独旅行时，不能被人们发觉一样。有位同学说，旅行家成群结队，行于沙漠中时，我们从飞机上向下望，可以看到一缕黑线，难道不能将许多空气粒子压榨到一处，好让我们看见吗？有些同学对于这个问题觉得可笑，以为空气绝没有被人们看见的道理。但我手中拿着一只玻璃管，问及管内盛些什么物质时，有几位同学说是水。当我说不是水而是液体空气时，同学们都觉得诧异，以为我是故作戏言呢！

液体空气是一种神秘而有趣的物质，往后当另设一章，专门讨论，刻下暂且不提。现在的目的，只望同学们知道能见的液体空气，是从不能见的气体空气粒子被压缩而成的，正和沙漠中的旅行家成群结队，被飞机上的我们发觉一样。

下章即用新发明的"理想舞蹈"，再说明原子的构造，物质的生成，想来是很有趣的！

第六章　理想的舞蹈

同学们（尤其是女同学）大家都喜欢舞蹈。无论参加舞蹈，或作壁上观，这里是没有什么关系的，因一切舞蹈纯然是理想的！

假想这种舞蹈叫作"原子舞"，试以舞蹈表示各种原子。想同学们还记得每个原子有一个中心部分（或叫作核），叫作阳电。原子核外含有电子，即是阴电粒子。今设男同学代表"电子"，女同学代表"阳电"。一位女同学说她是阳电粒子。她这种说话显然有错误，因我从来不曾说过"阳电粒子"一词。为什么不可这样说呢？因为从原子中虽可取出电子（阴电粒子），然不能从原子中分离出阳电来。我们能够证明阴电是由独立的微粒而成，但对于阳电，就不能作如是观，要设想阳电是构成原子核心的。这种说法，或对或不对，等到同学们长大，再行研究，暂且不提。现在只好让我来谈新发明的一种"原子舞"。

每种发明，往往都是跟着旧观念而来。我所发明的原子舞，当然不能例外。乃采用一种旧式舞蹈叫作环形舞的，来创造一种"原子舞"。

第一种舞蹈是表示氧原子的：招呼八位女同学携手成一小环，以表示核内正电荷。还要招呼些男同学加入舞蹈，在女同学的外围组成两层圆圈。第一层圆圈有两位男同学，第二层圆圈有六位男同学，看第七图就明白了。

舞蹈开始时，代表核外电子的男同学们，站在外环，虽间隔较远不能携手，但须依环形且舞且进。代表核内正电荷（核电荷数）的女同学，间隔很近，携手形成一个正常的环形，撒手而舞，进行不息。

这个舞厅，广大无比，可以容纳成千的同学们，所以先排列二十组氧原子舞。再排列舞团以代表氢原子时，那些跳舞的同学们可以休息，但在实际上，构成原子的电子是绝不会停止的，而是永远跳跃的。当我来排列氢原子时，若让同学们依然运动不息，诚恐容易发生冲撞，致乱秩序。

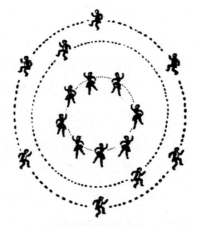

第七图　氧原子舞

许多同学组成一个氧原子的跳舞圈。八位男同学分成两部分，两位在第一层，六位在第二层，以表示阴电。另选八位女同学绕成一环，以表示阳电的中心核。

氢原子的阳电核，并不要如此广大，只要招呼一位女同学便够分配。依照以前的方法，排成一环。只要一个男同学代表核外电子，安排于女同学之外，看第八图就可明白了。

这位男同学，很费力地独自绕着女同学且跳且进，看图上虚线外环便易知道。代表核内正电荷的女同学在环内舞蹈，呈正常的环形舞，与上不同的，就是这个环里，只有一位女同学。

　　从表示氢原子舞的第八图中，同学们看到核内正电荷的外环只有一个代表核外电子的男同学绕着跳舞。像这种氢原子舞，单纯而少趣，因之排列六十小组，以代表六十个独立的氢原子。所以选择氢和氧的原子从事跳舞，自有其原因，同学们不必追问，只要继续跳舞便得。

　　我挑选代表氧原子的舞团两组，使他们离开原位，并使其接近，依旧跳跃着。我告诉同学们说，这两组可以代表氧气的最小微粒，就是说氧气分子了。

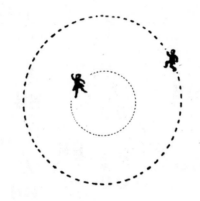

第八图　氢原子舞

这个跳舞图，是表示氢原子舞。一位男同学表示阴电。一位女同学表示
阳电的中心核。

　　环顾舞厅，可以看见代表十个氧气分子的舞团十组，每组是两个氧原子所构成。另有六十个氢原子，每两个成为一组，代表三十个氢气分子。且看遇着什么变化。

　　如欲使表演格外完善，实际上就不得不将这些小组（分子）舞团，配备得非常拥挤。这些舞团，常然要大起冲撞。分子确实具有激烈冲撞的性质，不过我不会让同学们实行拥挤的舞蹈罢了。

　　全体舞蹈时，所有同学们组成的原子，应保持像第九图那样的集合。就是以"H"代表氢原子，以"O"代表氧原子。虽则如此，在厅中跳舞时，同学们仍难保持其应有的位置。因之我叫一声"停步"，将其改组为更简单的舞团。

我想每一男同学代表一个氧原子，每一女同学代表一个氢原子。那么，怎样表示一个氧气分子呢? 我叫两位男同学 (两个氧原子) 携手，以代表一个氧气分子。同样叫两位女同学携手，便可代表一个氢气分子。

在前几章我们已经提到过，同学们应该记得一切的分子，并非都是由两个原子构成的。若要表示几个复杂的分子，以组成一些别种物质，当然是不可能的。虽说一个分子之微，在这个舞厅中，也找不出如此多的同学们啊!

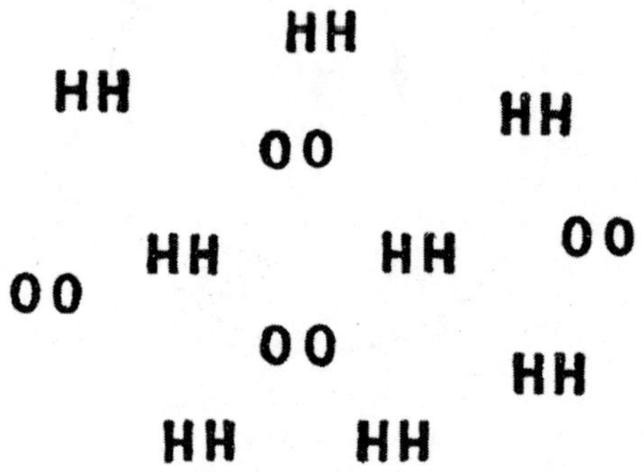

第九图　氢气与氧气的混合气体

每个"H"代表一个氢原子，两个氢原子结合便成一个氢气分子。每个"O"代表一个氧原子，两个氧原子结合便成一个氧气分子，这个图形就是表示氢气与氧气的混合物。

此刻来研究所谓"分子舞"了。四望舞厅，只见所有的男同学，都是两两携手以代表氧分子；所有的女同学也都两两携手，以代表氢分子。忽然有一位年幼的同学，说他记不清是代表氧分子，还是氢分子了。我说两者都不是! 所有同学们只是代表原子的。通常，至少需要两个原子才组成一个分子。

　　我恐怕这种分子舞对于年幼的同学,似乎有些难解,其实却是很简单的。若每位男同学代表一个氧原子,每位女同学代表一个氢原子,这样一来,厅中起舞,常然要比以前的"原子舞"简便多了!

　　在这种简单的"分子舞"中,准许成对的男同学和成对的女同学在厅中,且游且舞。冲撞虽说不免,但冲散以后,重行携手,比较容易。且看发生什么变化!

　　一声号令,成对的男同学和成对的女同学撒手离开,于是一位男同学和两位女同学携了手,就是三位同学成为一组,像第十图的式样。"H"依然代表氢原子,"O"代表氧原子。每组即代表水分子。但此种舞蹈,究竟有什么失当之处呢?

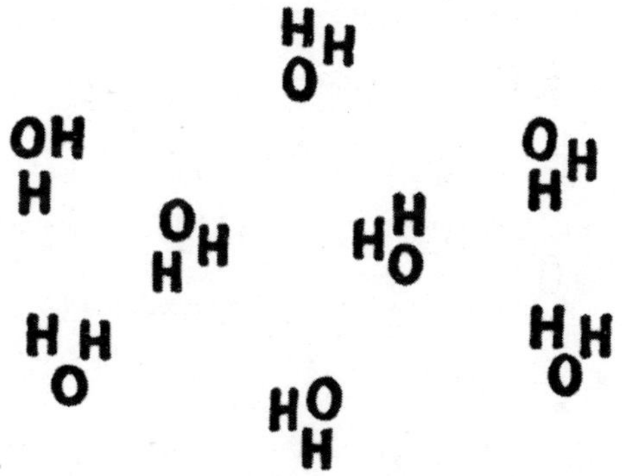

第十图　氢与氧混合气爆发后的结果

　　试将这图上的"H"的个数和"O"的个数计算一下,便知道和第九图的数目相等。"H"和"O"当然仍表氢和氧原子;但经爆发之后,每个氧原子和两个氢原子结合,即是每三个原子结合成一个水分子。氢与氧二气俱不见,而变成些微小的水滴。

　　依然有些成对的女同学跳跃着,却没有成对的男同学遗留着。这个理由,却不难获得,只要数一数就容易明白了。同学们正在舞着,很不容易数出,号令一声,众皆停步,乃开始计数,才解决了残留成对的女同学的问题。

　　现在有一种争辩:一位女同学一手握住另一位女同学,另一手携住一位男同学, 来代表水分子时, 另一位女同学只和一位女同学携手, 仍代表一氢气分子, 在水分子中的女同学, 说另一女同学依旧是一个氢原子。她的意思, 以为另外的女同学, 同样有组成水分子的资格, 现在却是失意般的落伍了! 但在氢气分子内的一位女同学, 高声地说在水分子中的女同学, 依然和她一样是一个氢原子。

这个争辩愈趋激烈, 我不得不停止计数, 以息争端。我保证她们依然是氢原子。除原子交换舞伴外, 就没有变化发生, 有些女同学所以未能结成水分子的事实, 就是因为没有多余的男同学来代表足量氧原子。

现在招呼二十位男同学(氧原子)和六十位女同学(氢原子), 令二十位男同学和四十位女同学组合, 而留下二十位女同学。这二十位女同学, 没有男同学伴舞, 很是寂寞! 再令十位男同学, 两两携手, 每组代表一个氧气分子。于是号令一发, 每位男同学都各携两位女同学以代表一个水分子。此刻各位同学都有异性朋友伴舞, 以代表许多水分子了, 于是全场欢然, 自在意中! 但这舞蹈, 尚未完全告毕, 乃另发号令, 水分子分裂, 即是同学们各各撒手分开, 而另组成两位男同学携手, 与两位女同学携手的舞团。如此, 即是水分子消失, 依旧遗留着氧分子和氢分子。

同学们记好 "原子舞" 和 "分子舞", 自可发现其妙用, 因为叙述化学上的许多神秘变化时, 易收了解之效!

当作水分子舞时, 我若告诉同学们说, 男同学依然是男同学, 女同学仍旧是女同学, 同学们会认为这话是不用说的, 然则究竟有什么变化呢? 假设男同学变为女同学, 或者变为马, 或竟变为猴子……这真是大笑话了! 这就和说氧原子或氢原子变成别种原子, 是一样的可笑! 当发生化学变化时, 原子是永久不变的。氢、氧原子结合成水分子时, 原子依然不变。

另有一件事, 希望同学们记好, 氢原子并不是氢气的微点。常燃烧氢气时, 并不是燃烧组成氢气的氢原子。我们将在后章里, 可以知道氢原子只不过是和别种原子结合罢了。

　　有一位参加跳舞的男同学说，大家携手跳舞，以代表理想的水分子，觉得很高兴，但还要知道如何证明一个水分子中，除了一个氧原子和两个氢原子结合外，并无别物存在。好! 再来一个实验，我担任仲裁，证明一个水分子，不过是一个氧原子和两个氢原子所构成的。

第七章　水的构成

　　现在要做一个实验，来证明每个极微小的水滴（分子），除掉两个氢原子和一个氧原子以外，再也没有别种物质存在。最好的办法，是由我来主持实验，让同学们来讨论和判断，并由我担任仲裁，决定谁是谁非。

　　假定同学们异同声说月球是牛酪凝成的，当然不能证明其确实无误。但我说月球不是牛酪凝成的，这话也不能驳倒同学们。我也能够找出充分的证据，使同学们确信月球是石样物质（好像地球上的山石一样）所组成，最好的方法常然是要取得月球的碎片，来做实验。所以欲使同学们确信起见，乃叫一位同学随便取一碗清水（河水、自来水、井水或泉水等均可）来，让我做一个简易的实验：

　　倾注少量清水（稍加硫酸数滴，使易导电）于杯中，将电池上的两支电线末端，浸到水里。电池里的电流，即由一支电线的末端，通过水中，传到另一支电线的末端。且看发生什么变化！

　　有一位同学说，看见水中两支电线上，有微小的气泡产生，再没有别的发现了。我乃提议将两支电线上所产生的气泡，用两支试管收集起来。最好的装置，像第十一图的式样，有两个活塞，可将收集的气体放出来，以便从事实验。

装置妥当后，同学们便可以进行实验。

这架器具有一"U"形曲管，还有一支长玻管，很像长颈漏斗。这个漏斗，备注清水之用。希望同学们将"U"形管中贮满清水。有一位同学即将清水注入漏斗，漏斗中贮满水，但是"U"形管中并没有水上升。这是什么缘故？因为"U"形管中本有空气，所以水就不能上升。那么，怎么办呢？有人提议将管端的活塞转开，让空气逃去便可。于是转动活塞，果然水即上冲，装满全管，乃将活塞关闭。

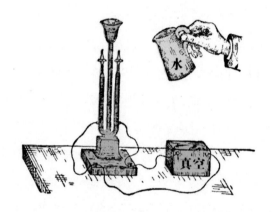

第十一图 分解水生成氢、氧二气

"U"形管中盛满水，通以电流，其结果氢与氧二气泡分别由各管下端上升，收集于管顶，如第十二图所示。清水中通常滴加少量硫酸，以助电流的传导。

"U"形管的两侧，里面封闭两块小金属片（白金片），有很短的金属丝，伸到管外。因之电池上的两支电线，可以连接到这个很短的金属丝上。电池中的电流遂得从一片小金属上通过水中，传到另一片上。此刻好让同学们自己来实验，我依旧担任仲裁。

立刻有同学指出两金属片上，都产生气泡（白金片实在就是电线的末端），另有同学说这些小气泡，上升管顶的，并不是寻常的空气，而是氢气和氧气。更有一个聪明的小科学家，他说这些气体是从清水而来。因此有一种争执发生：究竟哪一支管中是氢气？哪一支管中是氧气呢？我乃悬赏征求正确的答案。

于是有一位年岁较大的同学，对我耳语说氢气是从导出电线（阴极）末端发生，上升于管顶，但未能说明哪一支电线导出电流。我即对这位同学说："你说得很对。"但电流由哪一支电线电离水得到，我是不愿说明的。

随即又有一位年幼的女同学，于认真注视管顶的气体之后，就说："氢气是集于左管顶端。"问其原因，她说左管所产生的气体，比右管所产生的多得多。另有一位男同学，他以为电流通进的时间，两管既是相同的，怎么知道氢气的产生，比氧气来得快呢？她的回答是因为氢气比较多些。另有一位女同学，问她怎样知道氢气多呢？她只用手指指着管顶收集的气体来代替她的答复。现在观察第十二图左管的气体体积，恰好等于右管的两倍，十分明显。

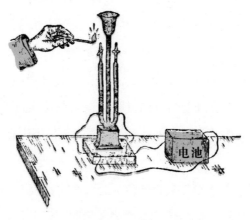

第十二图　分解水生成氢、氧二气

试和第十一图比较，即知"U"形管顶收集了气体，氢气的体积，恰好比氧气的大两倍。用火燃之可以燃烧。理由已在本文中详细说明。

于是我宣布，如果大家对于这位女同学的说法，认为满意时，她就应该得奖。有几位同学齐声说她只能证明左管的气体两倍于右管，但未能证明是氢气。那位女同学好胜心强，得奖心切，随又申说那两倍量的气体，一定是氢气，因为每个水分子，都是由两个氢原子和一个氧原子构成的，所以氢气的体积，一定要比氧气的体积大两倍。我乃以仲裁的资格，来下一个判断。姑且先向那女同学，作一度的提示，即引用前面所说的月球和牛酪的一段故事，说她不过说出这个一定是氢气，而未能证明是氢气。但她又说："因为盛于管中的，只有清水，而电流只不过变水成氢、氧二气，这是显然的事实。"但有一位同学说，水可以变成氮气和碳酸气。那位女同学又说我曾说过"原子不能变"的一句话。我说这是对的。另一同学说："对呀！原子虽不能变，但可结合生成别种气体啊！"关于此点，有一位少年老成的同学用很幽默的语调说："朋友！你能够从桃树上采到葡萄吗？或是从西瓜藤上采到杏子吗？"为年幼的同学们着想，恐怕不容易懂得此种说法的真义，所以我来解释一番。他的意思，就是说桃树上生不出葡萄，西瓜藤上结不出杏子，同样，从水中也得不到水中不含有的某种成分。氮气要由氮原子结合而成，早就知道水的分子除含氢、氧原子以外，别种原子是没有的。假如能将这两种原子分开，让氢原子互相结合，当然只可以获得氢气，氧原子互相结合，当然只可以得到氧气。如有别种的原子，和氢、氧原子结合，才可以生成别种新物质！

那位女同学，既已经明白说出氢气存在于左管，体积是氧气的两倍，此刻可以将奖品赠给她吗？还是不能！因尚未证明是否为氢、氧二气，且看怎样证明。

当然有许多同学愿意答复此一问题。为鼓励她，我觉得那位女同学，既能想出左管是氢气，右管是氧气，谅她必能证明，所以我就让她证明，以免将到手的奖品为他人夺去。

她的提议是：如果左管中冒出的气体能够烧得着，便是氢气的证明。于是转动左管的活塞，用燃着的火柴，接近管顶，果然可以燃烧。但仍有几位同学，对于她的奖品独得，心有不甘，于是说除氢气外，还有别种气体同样可以燃烧。但当我问及别种可燃性气体的名称时，他们踌躇了许久，才有一位同学说"煤气"。我以仲裁的资格，指出煤气是大量氢气和别种气体的混合物。除此以外，同学们再也想不出第二种可燃性气体的名称了。其实可燃的气体多得很呢！但从"U"形管端冒出的气体，燃烧时火焰暗淡，正和第三章里所说的氢气焰的颜色相同。

这是氢气，当可满意。等待后来，更可获得确证，可令人深信无疑。

如将残留火星的蜡烛，接近右管顶端，转动活塞，倘能发生强烈的火焰时，便知是氧气。乃依法实验，果然和第三章里的实验情形，适相符合。

于是许多同学，都异口同声地赞扬首先发现左管是氢气的那位女同学，获得奖品。这个问题好容易才解决了，此时又有一位同学问我电流怎么能令水变成这两种气体。这样一问，倒引起一个有趣的论题。若同学们能依法去做一个简易的实验，就不难明了了！

先将自来水笔放在袖口摩擦之后，急速移近一堆纸屑，则纸屑活跃，仿佛像蝴蝶起舞一样，结果有些纸片，被笔杆吸住，悬挂其上。这是什么缘故呢？因为笔杆已经带电了！同学们要明白这是一种电力。这种力量可使原子结合，成为分子。

电池上的电线末端，浸入水中时，一支引入电流（阳极），就吸引氧离子，一支导出电流（阴极）就吸引氢离子（这还是它的大略情形），于是构成水分子的原子，就被分离。同类的原子乃互相结合，就在引入电流的电线末端，生成氧气泡，导出电流的电线末端，生成氢气泡。

有人说恐不能使氢原子与氧原子结合生成水分子。当我说"可能"时，就有人以为稀奇，要问个究竟。

有一位同学提议做一个相反的实验。他说将氢气装入"U"形管中，氧气装入另一支管中，通以电流，就可化合生水。然如果依此手续做去，必定失败！

倘若管中留有少量水，可以另做一个实验。不过这位同学的提议，并非像我们所做的实验，他是提议将水放去，如此则没有什么变化发生，因为电流是不能通过气体的。我看见同学们频频点头，就知道他们已承认所提议的实验是无效的。至此既没有人再有所提议，我乃进而详述氢原子和氧原子结合的方法。姑先说一个比喻：假定要将工厂的烟囱和厂屋，改建一座科学馆，单用连接的方法是不能成功的，应将砖、石杂件，一一拆开，重新砌合，才有成功的希望。

这里所说的科学馆，便是代表水分子。借电流的力量，以拆散水分子，成为"不能见的砖石"，即氢原子和氧原子。遇到适当的机会，两个氢原子即互相结合，成为氢气分子；两个氧原子互相结合，成为氧气分子。这两种气体好比是工厂中的烟囱和厂屋（一种是砖砌的，一种是石建的）。且看怎么建造科学馆？

一位同学说："对于这些气体，应当采取处理烟囱和厂屋的方式，必先将氢气分子裂成氢原子，氧气分子裂成氧原子。"我即问他："以后怎么办呢？"他的答话是用不着做什么。但如何使氢原子和氧原子结合呢？这件事用不着我们烦心，氢、氧原子自己会找伴侣，结合成水分子的。氢、氧原子两相吸引之力，非常强大，每个氧原子要和两个氢原子结合。做这个实验时，同学们见其变化的迅速，一定要惊异的。电解水以成氢、氧二气，是何等迟缓的工作，只是一点一点地发生。但是氢、氧二气化合成水，简直是瞬息即成。让我来说一个比喻，好让同学们容易了解：

有一种游戏，名称叫作"抢位置"，想来是同学们常玩的。其玩法大约是：在一个广场上，依照一个大圆圈，安排许多椅子。每一椅上，坐着一位同学。另外有一位同学站在圆圈的中央，遇有机会时，要抢到一个座位，方才离开中央的地位。每把椅子代表一个地方，例如：南京、苏州、上海、杭州、汉口等。站在中央的一位同学假设叫道："上海到苏州！"于是坐在这两把椅子上的同学应当赶快交换座位。当这两位同学离开座位的一瞬间，站在中央的同学就可飞奔而去抢一个位置。假如所叫的两个位置很靠近，那么站在中央的同学就不容易抢到座位。因之更可叫道："上海到杭州！南京到汉口！"此刻有四位同学须同时移动，所以能抢到位置的机会就可比较多些。如果依然抢不到一席时，就可以叫一声："总动员！"此时全体同学都得更换位置。这个游戏的变化很多，同学们且看这个比喻的意义是什么？

当水分子分裂成为氢气分子和氧气分子时，可以说是化学变化发生了。有些化学变化发生，既慢且稳，好比在这种游戏中叫出地名，只有少数同学交换位置。有些化学变化发生得很急剧，好比在这种游戏中，叫出"总动员"，所有的原子都得变动位置。号令一发，全体动员，氢原子和氧原子结合而成水分子。今将这实验的过程叙述一下：

试盛氢、氧二气于厚玻璃瓶中，最好用空汽水瓶，做原子"总动员"的有效实验。最简便的方法，是将燃烛接近瓶口即可。在做这个实验以前，我得警告同学们，燃火之时要发生轰然巨响，虽不致有什么危险，但为谨慎起见瓶外包以布袋，如此万一瓶破，玻片就不致有横飞伤人的危险了。

我正手持烛火，一位女同学问我是不是将气体的原子结合以生水，当我说声"正是"时，她说应该另备一只空瓶，以便盛所生的水。另有一位同学说这个汽水瓶就可以胜任。她以为我手持的玻璃瓶如瓶口向下时，则所生的水势必全部流出，所以要想另置空瓶于瓶下。我即告诉她说："这是大可不必的"。

我们依然进行实验：即用烛焰接近两种混合气体，于是轰然爆发，幸瓶未破裂，但见许多同学都现出失望的样子，连忙问及水在哪里？盖化合所生之水，实在就存于瓶的内壁，呈无数微小水点之状。那时自然有人问及何以只有这样少的水，我唯一的答复是"欲知究竟，且听下章分解"。

第八章　什么是爆发

同学们不论男女，都站在"安全地带"时，我想没有一个不喜欢看爆发的。有些男同学玩弄黑火药，竟然忘却"安全距离"，其结果不是灼伤手指，就是伤及面部！

人们每有这样的幻想：假如死神已经降临，无可避免时，与其被炸，不如病死。若问其原因，其答复大约是"一个人因病而死，尸身依然完整；但被炸而死，则粉身碎骨，血肉横飞了！"

女同学喜看爆发，但又怕轰然巨响！若女同学能鼓起勇气，我就做氢、氧混合气的爆发实验。

现有一支大号试管，管侧里面固定着两片白金片，各连有金属丝到管外。试管里先盛水半满，将电池上的两支电线，分别接到管外的两支金属丝上，如第十三图的式样。我想同学们都知道我的目的是要电解水。氢气是从一片白金上产生，氧气是从另一片上产生。同学们看！我们并没有做分别取氢、氧二气的装置，所以结果所得是氢、氧两种混合气体，聚集在这一试管的顶端。

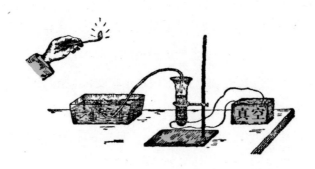

第十三图　肥皂泡的爆发

这个图的装置和实验，和第十一图及第十二图都很相似，只不过所发生的氢、氧二气混合气通入肥皂水中，是其异点。肥皂水中产生了许多氢、氧混合气体的气泡后，速将细玻璃管移去，否则有炸毁大试管的危险。用火近肥皂泡，泡遂发火，声似爆炸。

　　这种混合气体，经由细玻璃管导入盛肥皂液的水槽中，随即发生许多气泡。这种泡里当然是氢、氧两种混合气体。乃用火焰接近气泡，即发出爆发声，和上章用汽水瓶实验氢、氧混合气爆发的情形正相仿佛，唯此一实验比较安全些。

　　有一位同学，手拿有火的蜡烛，前来实验这个爆发作用。我说可以，但应稍候，让我拿开这个试管装置，以免发生危险。于是将试管及细玻璃管移去。水槽中的水面上留有许多肥皂泡。有几位女同学，看见水面上的肥皂泡，真是万分微小，料想爆发起来，声响极低，用不着逃避。但一闻爆发声，却又觉着惊异！一位同学说一声"总动员"，将燃烛接近肥皂泡时，即发出一阵爆发声，好似近在咫尺的来复枪[1]声！

　　氢原子和氧原子结合成水分子，则从气体分子变为水分子，其间原子的变换，非常迅速。要拿"总动员"来确切表白，简直没有希望，除非同学们抢

———————
1.来复枪：又称"来福枪"。来福枪是英文rifle的翻译，意思是枪管中的膛线。（编者注）

位置时的速度，像横飞的子弹一般迅速！

　　同学们中认为爆发是有害者，大有人在。唯要注意，代步的汽车，是由于爆发作用才能行驶。在第一章里我已经说明过了。汽车里汽缸中的爆发，以及枪、炮、炸弹之类的爆发作用，都是化学变化（原子间的"总动员"）。煤矿中发生可怕的爆发，也是化学变化。同理若室中满布可燃性的气体，通风不良，一人持烛火入内，就会发生爆发。烛火当然是"总动员"的信号。爆发发生巨大的声响，震动门窗，这是什么缘故呢？

　　"什么缘故"一词，已屡见不鲜。但我更希望遇着一件现象发生，要问"何以会如此"和它的真实性。在我欲答复这些问题以前，有一位同学想要知道一切爆发作用，是不是都是化学变化，这显然是一个很有道理的问题。我很奇怪，为什么这样年轻的同学能够发出这样聪明的问题呢？他说常将盛糖果的纸袋，吹气使它胀起，置于掌上，用力一扑，即生爆发之声。他的小妹妹说他常用这个玩意儿来恐吓她，乘她不备，在她身后突然做这种爆发巨响。现在姑暂停止谈论，让我来答复这个问题。

　　纸袋的爆发，绝不是什么化学变化。这个现象的发生，当然没有原子的变动。袋中气体的分子，自始至终不发生变化。爆发的巨声，完全是由于分子的冲撞而成。蒸汽筒的爆发，完全和纸袋是相仿的。我此刻要答复那位同学了。

　　平静的化学变化和爆发的区别，实在和抢位置游戏中的"少数换位"和"总动员"相仿。分子急剧冲撞，遂生巨响。我想同学们应知道"声音"是空气中的一种波动所致，当这种波动送进耳膜时，发出一种感觉，就叫作"声音"。但此刻都要注意的是，在一种分子变成别种分子的过程中，原子若发生急剧的冲击，分子即有所谓的"振动"。彼此突然冲撞的结果，在汪洋的空气海中，就发生汹涌的波涛，不仅发出声音，若是激荡万分闪猛，虽远在数里外的玻璃窗，也有震破的可能！

爆发所生的损害，并不是完全由于激荡空气致成的。同学们可以将黑色火药盛于金属罐中，装置一根很长的引火线。乃将金属罐埋藏于土中，而露出引火线。用火燃着引火线，引火线即发生微小的火花，随即赶快跑开，达到"安全地带"。转瞬之间，轰然一声，药罐爆裂，但见一堆泥土，四处飞散！像此情形，如以为是空气的激荡所致，实是错误。金属罐爆发，冲散泥土，究竟是什么原因呢？

金属罐爆发的原因，是由于罐中的固体火药着火，产生多量气体，罐中容纳不下，只好突围而出。当火药着火起化学变化时，组成火药分子的原子，就急剧换位，结合而成数种不同的气体分子。气体有自动四散的性质，所以在金属罐中的气体，不得不急寻出路，以致爆发。此时适有一位热心的同学，发出疑问，阻断我的话。

这位同学问我，从前做氢、氧两气爆发生水的实验时，汽水瓶外为什么要包一布袋呢？如果气体所占的体积，远比水滴所占的大，则从大体积变成小体积时，可断定不会将瓶炸破。但同学们要记好，在氢、氧原子自由结合生成水分子以前，我们必须燃火以分离氢、氧分子为原子。当氢、氧二气遇热而骤增体积时，即是遇到总动员令。等量的气体热时比冷时所占的体积大得多，所以爆发发生时，有多量的气体急剧喷出。如果没有出口处，或出口处过小时，就有炸破瓶的危险。我们所用的汽水瓶，因有适当大小的瓶口，好让气体冲出，所以危险性就减小了。

有几位同学，对于原子结合生成水分子时，氢、氧二气的膨胀，发生怀疑。以为我们所说气体的膨胀，固然很正确。唯很急剧的情形，恐不免出于猜测而已。因须设计，以从事实验证明：

今有一支四尺多长的玻璃管，一端插活塞。外观上很像气枪，但另一端密闭，又和气枪不同。同学们试留心注视管端封进的两支金属丝，分明是供通电之用，同学们大都可以猜着。不过这里通电的目的，是要使管内发出电气火花。为什么呢? 因为要使管内气体发生爆发。我们现在要再度制造分子, 即是用这支长玻璃管以代替汽水瓶来实验。

下面有几个长玻管的图形, 看过以后, 就不难想象实验时所发生的现象。这些原理, 很容易应用到实际生活中去。

试看第十四图, 长管中并未盛入气体。有几位同学这样想, 装满气体, 比较好些。这也许是笑话, 但我总是特别留意玻璃管, 深信爆发时气体是要膨胀的。

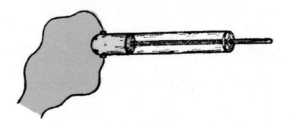

第十四图　爆发前的情形

这支玻璃管, 是一段封闭, 嵌入两支铜丝, 另端闭口, 装进一个活塞而成的。管之封闭端装满氢、氧二气后, 通以电流, 火花一现, 活塞即向右方飞移, 如第十五图所示。

试看第十四图, 很容易知道气体膨胀时所遇到的现象。因为气体膨胀, 要占一个较大的空间, 不是炸破玻璃管, 便是推动活塞, 向右移动。究竟遇着何种现象, 却不难预先料到。所以希望同学们注意那个活塞。于是通以电流, 发生火花 (好比叫一声"总动员")。轰然一声, 气体膨胀, 活塞便沿着管壁, 向右飞去, 看第十五图便可明白。但活塞并不永久停留, 少时依旧向左缩回, 接近左端, 像第十六图的式样。

真空

第十五图　爆发时的动态
试比较第十四图，便知活塞的向右移动，是被气体爆发所驱使的。不过立刻就
飞移到封闭处，如第十六图所示。其原因已在本文中说明过。

氢、氧二气爆发时，热气体比冷气体确占较大的体积。爆发完结成为水分子，所占体积变小，和同数原子所成的气体体积比较，就是说前者不占有空间，也不为过！

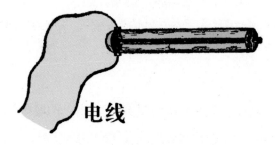

电线

第十六图　爆发后的结果
这个图是表示气体爆发后活塞最终的位置。最终将活塞推进，比较靠近封闭
处，如第十四图所示。爆发时活塞即飞向右方，如第十五图所示。最终即变成
本图的位置。因为气体经爆发而消失，生成些微小的水滴，几乎成真空，外间
的空气因将活塞压进。

用这支长管，更可以做别种有趣的实验：若依前法装等量的氢、氧二气，装一活塞，自右向左略为推进，如第十四图的式样。这个实验和以前的实验，只有分量上（氢、氧等量和氢二份、氧一份）的差异。试通电流，注意活

塞,向右飞动,和以前同,但仅逐渐缩回左端,与以前不同。这究竟被什么物质所阻滞呢?有一位同学说是被管内剩余的氧气所阻滞。这里的氧气好像是空气垫一样,这是十分对的。在总动员时,每个氧原子要和两个氢原子结合。此刻既有等数的氢、氧原子,势必有半数氧原子找不到伴侣。若有人怀疑管内剩的是否为氧气时,只要试以有火星的烛芯,便可证明。

当我写这篇文章时,恰好看见实验桌上放了一瓶纽形炸药(Cordite)。我想同学们必定知道这是一种炸药,常用于来复枪及大炮上的。这种炸药,在普通人家中是不易看到的。外观的形状像太妃糖棒,但取出来看看,更像涂有褐色的面条。粗细不一,大小不同,有的粗同铅笔,有的细如弦线。形状虽不一致,但颜色都是褐色。

我即取出一支细纽形炸药,擦着火柴,小心去燃烧时,有少数同学向门边奔避。多数同学们都讪笑起来,因知我绝不会做有危害同学们的实验。手持一支炸药,着起火来,很像一支小蜡烛,仅比蜡烛烧得稍为快些,但并不急剧,实在令人觉着惊异! 这种炸药,装在瓶中,是毫无危险的。取少许燃烧,也是绝无危险的。倘使把全瓶炸药投入火炉中,就有不堪设想的危险发生,这事我们未便实行呵!

同学们不难相信: 假设爆发是化学作用,那么最低限度必定有两种不同的原子起"总动员"。现在我们就黑色火药爆发时,推测其中原子的变动。

黑色火药的制造非常容易,我们时常自己配制,以供娱乐之用。火药的第一种成分叫作硝石,是一种白色固体物质。外观上和食盐没有什么区别,但其性质不甚相同。化学名词叫作硝酸钠(正式制黑色火药,须用硝酸钾,因硝酸钠有潮解性)。同学们或许会联想到食盐,它的化学名词是氯化钠。从名词上看来,大约总是同类的物质了。这两种物质分子中,都有钠原子存在,这确是事实。但要注意,食盐一分子是由一个钠离子和一个氯离子所构成,硝石一分子是由一个钠离子和一个硝酸根离子构成。这种硝石是制造火药三种成分中的一种，分量约占火药全体的四分之三。

有一位年岁较大的同学说，他想硝石是硝酸钾。这当然是很对的，但我们所用的硝石，是从南美洲智利国而来，所以又叫作智利硝石，其主成分确是硝酸钠。

第二种成分，便是同学们都知道的黄色硫黄。这种物质，病房里常把它燃烧，以供消毒之用，药房里常用来制硫黄膏，以治皮肤病。

第三种成分，便是黑色木炭末，是取日常所用的木炭，研成粉末而成的。

我暂时不愿将配制火药的精确量告诉同学们，也不愿意你们协同配制。因恐同学们贸然配合，随意玩弄，是很容易发生危险的！如把这三种物质适量配合起来，用水调和，使成糊状，搓成细条。待干以后，切成豆大的粒子，就可备实验之用。

火药爆发时，发生什么现象呢？想同学们知道是燃烧，因须着火才会爆发的。这种燃烧，确实是很快的。火药中的硫黄是维持燃烧的。爆发作用，不仅是比别种物质燃烧得更快，并且有很大的异点存在，只好留待下章再谈吧。

有一位同学说火药不必一定着火，也可以爆发。起初我不知道他的用意。当他说火药施以激剧的打击，便会爆发起来时，我才明白他误会的地方。当我告诉他说用木槌去捣碎火药块时，火药是不会爆发时，他觉得很惊异。但他又说在来复枪上有一小槌，仅仅冲击黄铜弹筒，便可使火药爆发的。这位同学的错误，是在他说槌的冲击，很足以使火药爆发。当受到冲击时确有几种物质可以爆发的，其中的一种，用量很小，是装于小弹筒帽中的。机关一发，尖针冲击这种极少量的炸药，它先爆发，再使火药着火，子弹便会砰然飞去。

一个电火花，就足以使火药爆发。我们可以预备一只放电花的装置，以便从事实验。若论大规模的应用，可将地雷埋藏于地下，装上电线，引到"安全地带"，便可应用。电流一通，瞬即爆发，可使山崩地裂，作开山洞、采矿藏之用，又可轰炸敌兵，使其覆没。

研碎火药块常用木槌，其中的理由，我相信有些同学们能够说出来。如用铁槌，易生火花，致起爆发，这是何等危险的事！用木槌，就不必顾虑到会生火花了。

或者有人这样想：火药爆发，燃烧越快越好，但也不尽然！因枪弹里面的火药，如果爆发燃烧得太快，枪管就有炸裂的危险！

我们常听说有一种炸药叫作猛炸药（Dynamite），它的炸力是极猛烈的。若用于枪中，不待子弹飞出，枪管早已炸裂，所以不适用于枪中。另有一种纽形炸药，炸力更猛。所以在制造时，即加入凡士林，使其发生爆发不致太易，爆发起来也不致过分激烈。

欲知物质燃烧，发生什么有趣的现象，且待下章分解。

第九章　燃烧能够毁灭物质吗

在本章里，专门叙述物质的燃烧现象，有些同学听到，不免要发出惊奇之感! 燃烧与化学有什么关系呢? 燃烧确是物质发生化学变化的一种现象，同学们听下去自然会明白的。

物质燃烧能够毁灭吗? 有一位十岁左右的女同学说前天是她的生日，有一人送她一块蛋糕，上插了十支蜡烛，差不多都点完了，只剩下几个蜡烛芯。她的意思是说物质经过燃烧，一定要毁灭的! 现在不必就下否定之词，且看下面的实验:

取一支小蜡烛置于天平的一盘上，像第十七图的样子。另一盘上，放一砝码，使两端适成平衡，看顶端针尖正对中央，便可知道。

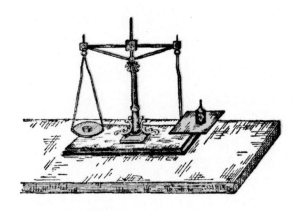

第十七图　天平称蜡烛

天平上一端盛短烛，另端则置砝码，使呈平衡。欲知蜡烛燃着后天平仍平衡与否，试观第十八图便可明白。

　　将蜡烛燃起火来，静观天平有何动静？蜡烛燃去一部分后，就发觉其重量减轻，因为看到有砝码一端往下沉，放蜡烛一端往上升。这种现象，当然是我们所料到的，因为半段蜡烛总不能和全支等重。

　　有一位年幼的同学插言道："什么东西使得天平两盘移动呢？"在这里我本不欲多发议论，只因问者求知心切，不得不详加答复，"须知两盘的移动，实在是因为地球吸力的关系。"蜡烛愈重，吸引之力也愈大。起初放上一个砝码，恰好保持平衡的状态。但片刻以后，蜡烛渐次消失，它的重量减轻，于是地球吸引蜡烛的力量就比不上地球吸引砝码的那样大，因此盛砝码的一盘即往下沉，像第十八图的样子。

第十八图　天平称蜡烛

蜡烛燃火后，重量逐渐减轻，不足为奇。但真能消失吗？要看下文的分解。

蜡烛继续燃烧，等到只剩烛芯时，外观上好像这支蜡烛将完全毁灭。果真毁灭吗？试看下面的实验：

做这个实验，应当用一只大号天平，以便天平盘上可放置一个盛蜡烛的玻璃瓶。我想有几位同学可以猜到遇着的现象，也许有人不明了燃烛于瓶内和燃烛于空中，究竟有什么差异，且看遇着怎样的变异！

试看第十九图，就知道这个实验的方法。先将一支短烛，固着于燃烧匙的小匙上，试看天平中间的一个小针，知道烛和玻璃瓶正和砝码等重。今将蜡烛燃火后，随将玻璃瓶塞紧。究竟能否减重，要看第二十图自易明白。

第十九图　天平称密封于瓶中的蜡烛

试看天平中间的一个小针，知道烛和玻璃瓶正和砝码等重。今将蜡烛燃火
后，随将玻璃瓶塞紧。究竟能否减重，要看第二十图自易明白。

沉入瓶中时，匙柄上的圆铜片适可盖密瓶口。提起蜡匙，燃火后再沉入瓶中，像第二十图式样。如果蜡烛不毁灭，且从燃烛变化所生出的物质能保持不消失，则天平上的指针应当不移动。且看指针是否移动？

由以前的实验，知道燃烛时间越长，则失去的重量越多，但此一实验就完全不同了。眼见燃烛逐渐烧去，而指针却依然不动。

这支燃烛确实缩短了！但蜡油的消失，已变为别种不能见的物质，否则指针一定要移动的。这种不能见的物质是什么呢？究竟发生什么变化呢？

第二十图　天平称密封于瓶中的蜡烛

注意瓶中的燃烛，虽燃烧着片刻，似乎消失了少许，但天平上的指针，
仍在原有位置，未曾移动。其理由已详述于本文中。

有几位热心的同学，说出所发生的变化，"那些原子间已经重新组合，即是所谓的化学变化。"这是十分对的。不过蜡烛为什么会燃烧呢? 蜡烛的燃烧正和煤油灯的燃烧一样。大家都知道煤油灯有一根灯芯。煤油是由灯芯逐渐上吸，好像吸墨纸吸墨水一样。同学们应知道燃烧的是油质，灯芯的消耗是很有限的。等到灯油将完时，灯芯才烧去一小部分。

蜡烛是固体蜡油中固着一根烛芯而成，却没有液体的油。在蜡烛燃烧之前油必先变成液体。工匠制成的烛芯，烧毁的速度应和溶蜡的消失速度相等。但旧式蜡烛的烛芯，烧毁的速度很慢，所以不得不用烛钳了。我想同学们都亲眼看见过的。

用烛钳钳去烛芯的有趣情形，我想叙述一番。旧式蜡烛的烛芯是直立的。在明亮火焰中的烛芯，得不着氧气以维持燃烧，结果烛油消耗，残留着直立的焦黑烛芯，必须常常钳去。近世新式蜡烛的烛芯，情形不同，燃烧时烛芯卷曲，仿佛像妇女烫过的头发，尖端伸到火焰之外，能尽量吸收空中的氧气而烧毁，其速度和蜡的消耗速度相等。

燃烛尚有一种现象为同学们所常见，即用火去燃着曾经燃过的烛芯时，最初是大放光明。片刻以后，火光渐渐微弱，几欲熄灭，但后来又逐渐光亮，终乃呈常态的光辉，继续燃烧。这是什么缘故呢？因为以前吹熄时，烛芯尖端残留着少量的蜡，一经着火，蜡油熔化维持燃烧，所以起初发生亮光。但其热力尚未能将其下部的蜡油熔化时，少量蜡油已经用尽，蜡烛马上就要熄灭，稍待蜡油逐渐熔化，被吸上升，达到烛尖，所以能够再放光明。

再看玻璃瓶中所燃的蜡烛。想同学们能够说出所生无色气体的名称，否则便是健忘！或者回想第四图的实验，便可忆想起来。燃烛之所以熄灭，是因为瓶中的氧气被燃烛耗尽的缘故。瓶中空气的一部分，乃被碳酸气所替代，这种气休是不能维持燃烧的。什么缘故呢？因为这种气体中没有氧气存在。有一位同学认为我的话错了。因此不得不找出一位仲裁来，让我和这位同学开始辩论。

这位同学问我道："碳酸气不是又叫二氧化碳吗？"从这句话看来，知道他有些化学知识，因为这是化学上的一个名词。他又问二氧化碳每个分子是不是由一个碳原子和两个氧原子结合而成？我说不错，但二氧化碳中没有氧气存在。这种气体中只有氧原子，而原子并非气体，所以说没有氧气存在。如果两个氧原子互相结合，便成为氧气分子。此刻氧原子只和碳原子结合，而成为碳酸气分子，碳酸气和氧气就完全不同了。同学们应该承认我所说的是全对的。设或理解尚觉困难时，不妨想象砖和石砌成的科学馆，便易明白。科学馆虽说是用造烟囱的砖和建厂屋的石所砌成的，却看不到烟囱和厂屋，这是很明显的事实。

再将另一燃烛沉入曾经盛过燃烛的玻璃瓶中，火即熄灭，由此不难相信氧气已经耗尽。至于碳酸气的存在，化学家有很简易的方法可证明出来。先将澄清石灰水少许，倾入瓶中，振荡以后，倘若生成乳白色浑浊物，便是有碳酸气存在的证据,这是什么缘故呢? 因碳酸气的存在,能使石灰水主要成分各原子间发生化学反应,于是有少许白垩粉生成于水中。正因此故,所以我绝不能中止讨论燃烛的问题。

　　和我争辩的这位同学,曾经说过碳酸气的每个分子是由一个碳原子和二个氧原子结合而成的。我们当然知道氧原子是从密闭于玻璃瓶内的空气中而来的,至于碳原子的来历,很容易猜到,一定是从蜡烛中产生的。蜡烛燃烧时,是不是只生成碳酸气呢? 这却不然。因为有些氧原子是和氢原子结合,结合之后,生成什么物质呢? 我想每个同学都能够猜到是水了。不过并没有看到瓶中有水呵! 同学们或者没有看到,我却早已看见了! 瓶里壁上有许多微小的水滴,正和雾、露相仿,这实在就是水。

　　我拟作进一步的解释,使得同学们格外容易明了。试想发生水的氢原子是从何处来的? 有人说是从瓶内空气中而来。如果寻常空气中含有少量的氢气,就不能冒燃火(因空气中已有氧气),以致发生危险! 同学们早就知道氢、氧二气混合后,点起火来(总动员),就发生爆发之声,化合生水。由此推想氢原子唯一存在的地方,一定是蜡烛本身,不必再进行侦查了。但有人或许要问:“为什么蜡烛中的氢原子和空气中的氧原子结合,没有爆发的现象呢? 从前做过氢、氧二气爆发的实验,其结果是生成雾状的水滴。这里生成的水滴,但未经过爆发作用,这是什么缘故? ”最好假设下面的游戏,以帮助解释此问题。

　　同学们应该记得“抢位置”的游戏中,并不是常常叫“总动员”的,必在难以获得座位时,才发出这种呼号的。一般情况下只不过呼唤两个地名(表示迟缓的化学变化)。如果为了热闹,不妨数次呼喊地名,则会有较多的同学们要变动位置(表示比较快些的化学变化,像蜡烛的燃烧)。如果叫一声“总动员”,势必全数同学们都要移动,当呈极纷扰的现象。(这就是表示急剧的化学变化,爆发的现象,即属此类。)

蜡烛的火焰，约分三层，至为清晰，像第二十一图的样子。焰心光辉暗淡，中层很明亮。明亮部分之外，确还有一层无光的焰，同学们不易看得清楚。有一位同学问："烛焰暗淡部分内是什么物质？"当我说是"未经燃烧的气体"时，他顿呈惊奇状态。我这样简单的答复，当然不能令他满足，所以我不怕烦，再做下面的实验：

第二十一图 蜡烛的火焰

火焰分为三层，暗层之外，围以光明火焰，并且伸出了鼻孔（灯芯），
以充分吸收空气。

试取细玻璃管一支，长约四、五吋[1]，依第二十二图式样弯曲，一端伸入烛焰内心暗淡部分，一端则露于空气中。转瞬之间，就看见白色雾状的未燃气体，沿着玻管上升，逐渐冒出，引火立即燃着。这种气体如此容易着火，为什么在焰的中心不会燃着呢？一则因为这部分的气体温度太低；二则因为外层热焰所包围，遮断了空中助燃的氧气。虽说某种气体能够燃烧，但在燃着以前，必先获得空中氧气的帮助方可燃烧，否则还是不能烧着的！

1.吋:英美制长度单位，一英尺的1/12（现中国已停用此字）。（编者注）

第二十二图　火焰的实验
火焰中心黑暗部分是未燃气体。
用一次玻璃管将它引导出来，可以燃烧。

　　火焰明亮部分又是什么呢? 让我把玻璃管下端插入这部分,看能不能点火。我听得同学们中有人说可以燃着,而且光辉还要加倍强烈! 又有人说这是不会着火的! 究竟谁是谁非? 于是我将玻璃管稍为提起,使管端离开暗淡部分,而适在明亮火焰中,像第二十三图的样子。

第二十三图　火焰的实验
用玻璃管插入火焰外层明亮部分,另端仅仅冒出不洁的烟雾。

　　玻璃管上端冒出一团污浊烟雾,用火去燃,火反被熄灭。这种烟雾,外观上虽和明亮火焰不同,实际上是经由玻璃管,被冷却而生成的。这种烟雾究竟是什么物质呢？其成分既和明亮火焰相同，然则明亮火焰里又是什么成分呢？我以前已经说过了，想同学们可以记得。在"总动员"声中，碳原子和氧原子结合，生成碳酸气，同时氢原子和氧原子结合，生成水滴。这种烟雾即是碳酸气和水蒸气的粒子混合而成的。光明火焰里也是这些成分，不过因为温度很高，所以碳粒子即被灼热发红。所有的热量，乃由化学变化而来。

关于蜡烛的化学问题，讨论已不算少了！但还有一位同学，好像是化学专家，欲以一个重大问题向我问难。他是知道蜡烛在着火以前，首先需要空气，或是说需要空气中的氧气，更为适当。他问我道："倘若没有氧气，就不能发生燃烧现象吗？"发生这种疑问的动机，是因为他知道炸药罐中虽没有空气存在，依然可以发生燃烧而爆发。这个说法是对的，但忘记一件事情，即是虽无氧气存在，却有无数的氧原子和别种原子结合，以制成炸药啊！炸药着火时，氧原子游离，自身结合生成氧分子——氧气。不过此变化来得非常急剧，现在有几件事情，可以使同学们听得很高兴：

一支蜡烛（或其他可燃物）在空气中燃烧时，速度是很迟缓的，因为只有与空气中氧原子接触的部位才能够燃烧。至于炸药中的氧原子，处处都有，所以一经着火，全部皆燃，不仅是表面能够燃烧。炸药爆发，都很急剧，别种物质燃烧，都甚迟缓。我想这是人人知道的。

设有人说人类身体里面也起燃烧，准会惊奇不置！但事实上确是如此。不过此种燃烧，并不是发火的一种燃烧，其详情留待下章叙述。

有一位同学问道："倘若没有氧，便不能发生燃烧吗？"我的答复是："大致是对的！只有很少数的例外，如氯气也是可以助燃的。"我且做几个实验，以作结束。

烧瓶一只，中盛食盐、二氧化锰和浓盐酸的混合物。加热，便可获得氯气。取满数瓶，以供实验。

氯气色呈黄绿色，故名氯气，质重而有恶臭，有毒。同学们当心，慎勿吸入! 取吸墨纸一条, 饱吸热松节油后, 送进氯气瓶中, 当即发生火焰燃烧, 冒出一阵浓烟。

另取一瓶氯气, 投入铜箔立即燃烧。投入锑粉结果更佳。一位同学相信瓶中一定不是氧气。烛火置于瓶中, 为何发生奇异的现象? 投锑粉或木炭末到氧气瓶中, 就不致发生任何现象。若将沾有松节油的吸墨纸, 送进氧气瓶中, 也没有着火的现象。倘我存心戏谑, 让同学们来对着瓶口作一度的深呼吸, 那他一定可以明白瓶中所集的气体, 究竟是不是氧气?

氯气能够维持燃烧, 是不是和氧气一样呢? 于是再取用几瓶氯气, 来做实验:

今将盛燃之烛, 置于氯气瓶中, 火焰随即熄灭。但是说起来很奇怪! 蜡烛所冒的烟, 是油状的蒸气, 可以着火, 燃烧时呈冒烟的红色火焰。

有一位同学坚持说他曾经看见过烛火沉入氯气瓶中, 烛火仍旧继续燃烧, 这我不以为奇。如果记忆清楚, 这一定是沉于氯气瓶中的烛火, 不过是红热的烛芯, 再发出火焰罢了。

另有一位同学插言道:“恐怕他所说的, 是氧气的实验吧。”这却不对! 当然第一位同学所说是对的。那红热的烛芯, 在氯气中可以复燃, 但细蜡烛的火焰, 在氯气中是会熄灭的。为什么蜡烛的粗细不同, 就会有这样的差异呢? 这两种情形, 看起来好像没有什么分别, 其实是不同的。因为粗蜡烛中粗大的烛芯, 留有充足的热量, 可以继续分解蜡油, 这种油状之烟上升, 就被氯气所燃着。此种火焰复将蜡烛燃着, 继续燃烧, 但此种燃烧, 不是寻常的燃烧(如在氧气中的燃烧)。下章我们将讨论呼吸空气后所发生的变化。

第十章　呼吸空气

　　到现在同学们一定熟悉"分子"这个名词了。同学们都应知道氧气分子是保持氧气化学性质的最小粒子，也知道每一个水分子不像氧气只有氧原子那样简单。再回想从前做过的电解水的实验，应知道每一个水分子是由两个氢原子和一个氧原子结合而成。还应记得我们曾将氢氧两种气体的混合物中通以电流，可使两种原子结合成水。此刻我想提出一些问题，以供同学们讨论。

　　"空气分子"是由什么物质所组成的？有几位同学注意到第三章，认为空气的分子是由氧原子和氮原子构成的。许多同学都是这样解答。当我说出这是错误时，他们都呈现出惊讶的样子！有一位同学说我在第三章里确已说过：假定一瓶空气分作五等份，就有四份氮气和一份氧气。所以他以为空气的分子是由四个氮原子和一个氧原子构成的。我觉得这样答复，依然未能解决这个问题。

　　有一位年岁较长的同学，声称知道我的意思。他说氧气和氮气虽是空气的主要成分，但还有极稀少的别种气体，掺杂其间。这是很对的，但没有一人能够发觉我在故弄玄虚呵！事实上没有"空气分子"那样的物质。为什么呢？

因为所谓空气者,就是几种气体的混合物,那些气体是丝毫不相结合的。

我们曾经将氢、氧二气装进长玻璃管中(第十四图),在没有爆发以前,依然是两种气体的混合物。氢、氧两种气体分子,个个独立存在,运动不息,互相冲撞着。空气的情形,也正相同,不过是氮气分子、氧气分子、二氧化碳分子,以及其他几种稀有气体的分子,个个独立存在,互相冲撞而已!

同学们啊! 我提出这个问题来,你们确实不易回答。现在我极希望同学们要晓得并没有"空气分子"这种物质,空气不过是性质各异的数种气体的混合物罢了。

前述燃烛所发生的化学变化,是空气中的氧原子与蜡烛中的碳原子和氢原子结合。我们呼吸空气所发生的变化,正与此相像! 这种叙述,大概是想象的,有一位女同学不能相信,所以我又提及小老鼠盛于碳酸气中闷死的事实,来作证明。老鼠之所以不能活下去,是因为瓶中没有氧气,只能呼吸碳酸气,所以立刻就闷死。讲到人类,如呼吸这种气体,当然也要窒息而死,除非有大量的氧气供给,才能够活着。我们呼吸氧气,究竟发生了什么变化呢?

有几位同学说,呼吸空气,空气中的氧气就和血液中的几种物质发生化学反应。又有人说,这就是燃烧,究竟是不是人体内部也有燃烧现象呢? 诚然,有之,但并不像蜡烛那样烧得剧烈,产生火焰。这是一种很缓慢的燃烧,但也有热量产生,所以人类身体确比没有生命的桌、椅等物要热些。适有一位女同学说人体内部既然发生这种燃烧现象,怪不得她有时会发高热,烧得很不舒服。这话说得很对,但发热发得长久了,人的身体就会衰弱(人体温度通常是37℃,超过就有病象)。有时医士开一药方,配药来吞服,就是要退去这种高热。

有一位同学,意欲试解我的"空气分子"的难题(实际上并没有这种物质存在),问我可否允其试为解答。我一厢情愿同学们提出问题,因可详悉疑团之所任。所以我写本书时,常常预留地步,以待同学们发问。不过有些书上的设问,大多数是虚构的,独在本书上的许多问题,都是同学们实际上可能提出的。且让这位同学来发问,我则随时解答。

空气吸进肺,立刻就呼出来,氧气怎能进入身体呢? 我很容易解决这个难题,但我要知道这位同学对于肺的观念如何,才可以解答。所以我就问他,"肺的形状究竟像什么呢? "他说像气球。这是不对的。有许多同学能够说出肺的形状像海绵,而充满了气管。

设有人患支气管炎,我们可以听到医生说,病不在气管。空气从鼻孔(不从口)吸进,经过气管而达肺,通过支气管后再向外散出,但是呼出来的气体,和吸进的气体,却全然不同,究竟是什么成分呢?

肺里不仅含有这些"支气管",而且还有许多"小支气管"纵横错杂,存在其间。那已经营养过全身的血液,从心脏流入肺,为氧气所洗清,这些血管就司运输之责。但是血液和空气,是不是同入肺呢? 这却不然。它们是各走各的路,但因管壁很薄,发生化学变化时,氧气可以从空气中透进血管里,碳可以从血液里透到空气中。这些碳原子和空气中的氧原子结合,所以从肺中呼出的空气中,必定有碳酸气存在。且让我们来做一个实验,证实我的话。

同学们应该记得:从前点燃蜡烛,要断定其生成碳酸气时,可用少许澄清石灰水倾入燃过蜡烛的玻璃瓶中,就可检出有碳酸气的存在。现在就应用这种方法,做一个简易实验:

杯中盛澄清石灰水,将细玻璃管(竹管或饮汽水的纸管均可)的一端伸入石灰水中,如用口在另端吹气,石灰水中即可产生气泡。如果呼气中有碳酸气,石灰水便变成乳白色,仿佛牛奶。于是实行吹气,发觉石灰水忽变浑浊,可见呼出的气体有碳酸气了。这当然是因起了化学变化(总动员),结果生成白垩粉存在于水中的缘故。

这位同学给我的难题，我已详加解答。他说空气因呼吸而变质，已经给他一个满意的答复。但能否再证明人体内的血液也有变化呢？且让我来再做一个实体：

先取血液少许，盛入玻璃试管中（这些血液，正不必从人体里抽出，只要向屠户买少许猪血便可），试注视买来的血液，颜色暗赤，并不像偶然割破手指所出的血那样鲜红。其理由因血液从心脏发出，通过动脉以营养全身时是鲜红色（人和兽类是相同的），再经静脉而回归心脏时是暗红色，如管中血液之色。由静脉流回至心脏的血液，经过肺，与氧气作用，则又转为鲜红色。同学们要注视玻璃管中暗红色的血液，通入氧气时所呈的变化。乃通入氧气，并将玻璃管充分振荡，血液即变鲜红，仿佛像动脉管中血液的颜色。像这样仔细解决问题，想同学们可以感到满意了。

我若问同学们："铁钉生锈，是一种什么变化？"同学们或者认为这个问题不应在此处发生。铁的生锈，和我们呼吸的空气有什么关系呢？铁的确是不呼吸的，不过呼吸是吸收空气中的氧气，到达血管中与血液发生化学变化。铁生锈，也是一种缓慢的化学变化。因是空气中的氧气和铁的结合，遂称之为"氧化"。氧原子和铁原子结合，就生成另一种物质的分子，叫作氧化铁。但铁是否吸取空气中的氧气呢？铁不能吸取干燥空气中的氧气，只能吸收潮湿空气中的氧原子，以相结合。

同学们应知道铁器浸于水中，是顶容易生锈的。我觉得同学们也应知道铁器在阴雨天气时，比晴朗时更易生锈。同学们都很聪明，知道将脚踏车等安置于干燥的地方，也知道将铁器的表面涂上一薄层凡士林，以阻止空气中的水分和氧气与铁接触。

脚踏车上铁器部分为什么要镀上一薄层金属镍呢？因镍不像铁那样容易生锈。当然还有别种方法，以防止生锈，如脚踏车架上常涂以油漆，不仅为了美观，也可以防止生锈。

有一位同学问道："铁上怎样镀镍呢？"因为这个变化，和燃烧现象无关，只好等到下章再说。那么，和化学有关吗？当然是有关的，否则我不愿在此多讨论。

一位同学说，他想这是与电学有关的问题。我也是这样想，这是电学和化学的问题，将于下章详细讨论。

谈起急剧燃烧（爆发作用）时，我曾讲过，要说出黑火药的各成分在爆发时的作用。

同学们应当记得黑火药有三种成分：硝石、硫黄和木炭。我若问燃烧爆发时，什么物质供给氧气呢？我想同学们一定可以答出。倘若同学们感觉困难，我可以帮助提供线索。试参阅本书末章的元素表，知道硫黄和木炭都是单质，硫黄只含有硫原子，木炭只含有碳原子，所以不能从这两种物质中获得氧气，因此氧气一定是从硝石中而来的。硝石是俗名，它的学名叫作硝酸钾。每个硝酸钾的分子是由一个钾离子和一个硝酸根离子构成。由此可以知道，火药中硝石的任务，是供给必需的氧气。至于木炭有什么任务呢？

我们知道燃烧是氧原子和碳原子的结合，所以火药中有木炭的成分，毋庸怀疑。硫黄的任务又是什么呢？硫黄在火药中，相比较而言其他成分，不大重要。不过用了硫黄，可以使得火药格外容易燃烧，一经燃烧就可爆发。

前章里讲纽形炸药时，说过炸药成分中，要掺进一些凡士林，它的任务，正和黑火药中的硫黄相反，有阻止燃烧的性质，否则作用过于急剧，会发生极强烈的爆发。同学们或者要这样想：战争时只愁炸药炸力不强，唯恐不能把敌军炸成齑粉，再没有嫌炸力过强而加以阻止的道理。但要晓得炮中用纽形炸药来发射炮弹，当然不愿把炮筒炸毁的。但愿强烈的炸药装进炮弹，飞落敌阵，发生剧烈的爆炸。这种炸药，就叫作"高度炸药"。

有一位同学说，若必须有火才开始爆发，究竟怎样引火呢？有几种物质，经一度急剧冲撞，就会发生爆发。像黑火药夹在硬物中间用力捶击，就会爆发，不过这种方法，并不是很容易生效的。

有一位同学说，一支鸟枪，机钮一拨，发出轻微的撞击，就可使火药爆发。这是错的！弹药筒中火药容易爆发的原因，乃在起爆帽。

另有一种危险的炸药叫作"雷汞"的，是金属汞（水银）、硝酸和酒精制成的白色晶体。这种晶体会发生很剧烈的爆炸，其危险的程度，直令人难以置信。

在离开燃烧的论题时，我们应当记好，人类身体内空气中的氧气与血液迟缓结合，使碳得以除去。如燃烧剧烈，则火焰随之而生。蜡烛的燃烧就是更激烈的总动员，则发生爆炸，像炸药自身供给氧气而爆发。

我还记得，曾经允许过同学们要将金属钠和钾遇水即着火的理由说明，我深信一定有人能够应用燃烧的知识，来解释这种现象。

钠原子很容易和水中的氧原子结合，氧原子脱离氢原子，氢原子遂结合生成氢气。当此种化学变化发生时，有大量的热产生。这些热量，很容易使氢气燃烧，发出火焰。有一位年长的同学，曾经做过钠、钾的实验。他很诧异，为什么钾一定会发火，钠有时不发火呢？因为钠相对来说需要较高的温度才能熔化，若钠周围有大量的水时，热渐散去，钠就得不着高热以起燃烧，仅发"嘶嘶"之声而已！换句话说，就是化学变化不甚急剧。

欲知电和化学的关系，当于下章详加讨论，同学们细心听着。

第十一章　电和化学

电学在萌芽时期，与化学是毫无关系的。所谓电者，可由摩擦玻璃棒等物而发生。化学和电发生关系，约在十九世纪初（1819年）。在此时期，化学和电怎样会发生关系呢？

曾经有两位意大利教授发生热烈的争辩。争论的焦点即在一只刚死蛙腿的痉挛。由此想见两位学者花费了许多时间于此可笑的事件！虽说辩论达十年之久，始告终结，但光阴并非白费，对于人类确有着伟大的贡献。其结果并确定了谁是谁非。辩论的详情，究竟如何呢？

有一天，伽尔瓦尼（Galvani）教授注意到新死的蛙腿，当附近的电机发生火花时（机器放电），每每发生痉挛。雷雨时天空中的闪电，不过是巨大的火花，早为人所共知。此事曾经引起伽尔瓦尼的好奇心，以为这种闪电也许能引起蛙腿痉挛的，乃决定去实验一下。

伽尔瓦尼用一支铜丝钩，穿入死蛙腿中，携到露天台上，悬于铁栏杆上。选定暴风疾雨将至之时悬上，好等待闪电的发生。但事实上并未等待，因为不论何时悬上，蛙腿总是起痉挛，好像遇到放电似的。伽尔瓦尼试了又试，丝毫不爽。这是什么原因呢？伽尔瓦尼以为一定是蛙腿上有电。此事为伏特

（Volta）教授所知悉，他说电的产生，是由于铜钩和铁栏杆的关系，蛙腿的痉挛不过是显示确有放电现象而已。于是两位学者争辩不休。直到11年后，伏特做过一种实验，才证明他自己的说法确是无误。下面就是他做的实验：

取大小相仿、片数相同的铜片和锌片。又剪些布条，浸透稀酸。为什么这样做呢？我想他一定是模仿湿的蛙肉。一切准备齐全后，乃将铜锌各片，相间堆积。两片之间，均隔湿布，像二十四图的式样。

伏特乃用一支金属丝，扎住上层的锌片，另用一支金属丝，扎住下层的铜片。如此，就可用以显示两金属间的放电现象。当时有名的蛙腿实验，遂不复为人所注意，因用蛙腿只不过显示铜钩和铁栏杆放电的证据。伏特的实验大功告成，这是毫无疑义的！

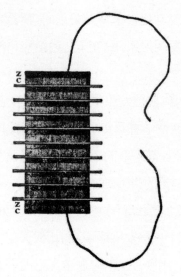

第二十四图　电池的鼻祖

这个图形是用多数铜棒（O）和锌棒（Z）及湿润酸水的布条折合而成。发生的化学变化，已在文中说明。

但电池中的电流与化学有什么关系呢？同学们且听我说来：

伏特在这实验的过程中，觉得用湿布颇为麻烦，因其容易干燥，必须时时洒以稀酸，乃设计改用玻璃杯，杯中盛稀酸约半满。每杯中竖立铜锌片各一枚，像第二十五图的式样。

这种新改良的装置，省却时时湿润布片的麻烦，所生电流又格外优良，能够发生正常的电流，这就是电池的诞生。此后所有的电池，都是从这种电池脱胎而来的。至于电流的发生，乃由于电池中的化学变化，此事至为有趣！假如电池中仅盛清水，就没有电流发生，一定要加些化学药品才行。只要化学变化不停止，就有电流发生。

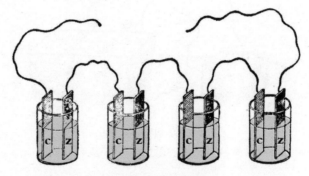

第二十五图　产生电流

这个电池为第二十四图的另一种装置。每杯中盛以稀酸，代替湿布，并盛一对金属片，而用铜丝依图连接起来。

同学们如果不是健忘，应当记得通电流于水中，分解成氢、氧二气的实验，这就证明化学和电有关。今日化学工业的发展，有许多种是靠着电和化学的相互作用。举例来说，像脚踏车上手柄的镀镍。这种电镀的方法怎样，可用一种实验来说明：

取玻璃水槽一只，中盛清水，投入少量白色晶体的化学药品，名词叫作硝酸银。水槽上横卧两支铜棒。一支悬系银片，另一支悬钢汤匙，均浸没水中。乃将电池上的两金属丝，分别连到两铜棒上，像第二十六图的式样。使电流由银片上导入水中，由铜汤匙上导出。约需数十分钟之久，方可完成。此时不妨另做别事，免荒光阴。

待后再看时，发觉钢匙已变成银匙。此时我们可以假想炼金家理想中的"哲人石"，费尽心力而未曾获得的，却已被我们毫不费力地发现了。依同样方法，将铜匙变成金匙，也非难事。但同学们中没有人相信铜匙真能变成银匙，不过是铜匙的外面被覆一薄层银衣而已！这种方法叫作镀银。一般说来，叫作电镀。究竟银从何处来的呢？

第二十六图　铜匙镀银
这个装置，是表示将铜匙用电镀上一层薄的银衣。

有几位同学说，银是从悬于导入电流的银片（阳极），跑到铜匙上的。有人说，银是从水槽中硝酸银溶液而来的。这两种说法都是对的！实际上发生什么变化呢？当电流到达溶液中时，溶液中药品即开始起化学变化，千千万万的银原子，即被导出电流线（阴极）所吸引，当然会和铜匙接触。依此情形，银原子跑到铜匙上，逐渐布满匙面，以致披上一层薄薄的银衣。若不另悬银片，则不多时溶液中的银原子就要耗尽。现因溶液中悬有银片，可从银片上获得补偿，所以可继续施行电镀的工作。

若用氰化金制成金液，导入线上悬一金片，就可将铜匙镀成金匙。到了此时，我敢断定同学们一定能将脚踏车柄上镀镍的方法，说得确切无误。有一位同学说，将手柄悬于导出线上，这是很对的，但还须将一块镍悬于导入线上。他又说从来没有看见过整块的镍，但可断言镍块的外观色泽，一定和手柄上所镀的镍一样。他又说要放些镍于溶液中（含多量的镍离子溶液），才可电镀。我想同学懂得这许多步骤，必定能将其变化说得很正确。

电流分裂硝酸银离子，那游离的银离子乃被铜匙所吸引。同时残留的硝酸根离子，溶解导入线上的一些银块，又生成硝酸银离子。但随被分解，银乃得继续附着于匙上。

银块当然要逐渐消耗，其速度和银衣附着于铜匙上的速度是相等的。银的总量既不会增加，也不会减少。应用这种方法，可将色泽美丽之银质镀于铜器上，经久而不失其光彩。

上面的实验，有一特别名称，叫作"电解"。所谓电解者，就是用电力来分解物质的意思。像这样解释，想同学们总可以明了。

电力有助于化学，不仅限于液体方面，固体物质的分解，也常是依靠电力的。电力！真是化学的好朋友啊，欲知究竟，且听下章分解。

第十二章　从未见过的金属

同学们中，或者有人自以为所有的金属都一一见过了，让我来将同学们已经见过的金属排列成表，计有金、银、铜、铁、铅五种。除此以外，接着就是锌。从前制氢气时，曾经用过锌，我想同学们还能记得。应继续列出的还有汞（俗名水银），是一种液体金属，常用于寒暑表和气压表内，想同学们曾经见过。还有一种轻金属铝，以及锡和铂（俗名白金），想同学们已听见过它们的名字，但我不敢断定每个同学们都曾见过。有一位同学说，大家都看见过锡罐（俗名洋铁罐，用以装饼干等物）。如果这位同学以为饼干罐是锡质的，那就错了。饼干罐若用锡制，其价值当比铜制还要贵些。通常所称为锡罐，实际上是铁质的，但在铁皮两面镀一薄层的锡，使铁皮不容易生锈。有一位女同学说她好像看见过铂的。此事大有可能，因电灯泡内常有装进铂丝的。但没有一位同学能想到镍。我觉得多数同学曾经见过，像脚踏车等物件上，常于铁的外面镀一薄层镍，还有铜制的铅笔套上也常镀镍。

忽然有人想起黄铜。金属表上并没有黄铜这个名词。为什么呢？因为黄铜不是纯粹的铜，是铜里搀进别种金属而成，它是一种"合金"，因我们要列成一个纯粹金属表，所以像黄铜和焊锡等合金，这个表上就找不到了。黄铜是铜里掺进少量锌和锡制成的,焊锡是锡和铅的合金。我可断言同学们中总有人曾经看到燃烧时放出美丽光芒的金属。有一位同学说是钠。钠遇着水,即起燃烧的现象。另有一位同学说是钾,也有同样的情形。这两种金属都比水轻,能浮于水面上,质地均极柔软,可用刀切割,仿佛像切糕饼等物一样。但这两种金属还不是我所想到的燃放美丽光芒的那一种。

有一位同学想起一种金属带,一经燃着,放光极强,常用于夜间照相。可惜他没有把它当作纯粹金属,以为是数种物质混合成的。这种金属带乃是金属镁制成的,专用以燃放炫目的闪光。有一位女同学说她曾经见过一种药品,就叫作镁。我想她说的一定是氧化镁。从这个名词上同学们很容易联想到金属镁的。有一位同学以为这种药品也容易燃烧。我说如果这种药品能燃烧,那么水分子中含有氢原子,水也容易着火了!

有一位年岁较长的同学,提议表上应再加进一种金属。他说曾经看见过金属硒的。我听到后,就摇头示意,但觉得他有些不高兴的神色。因为他的父亲曾从科学馆里拿出硒来,被他看到。我并不是对于他见过硒与否发生怀疑,我所以摇头表示否定,是因为硒并不是金属。因其外观上很像金属,所以同学们以为它是金属。这我却不以为怪,因若单就外表看来,连我也要以为是金属。但在化学家认为是非金属。这种物质,很是有趣常用于电的装置上,可供电传照相之用。

同学们若从本章起始数起,一共可遇到十三种金属。还有别种金属吗?金属实在多得很,不过我们初次所列成的金属表,只列同学们曾经见过的,适有几位同学想到电灯丝是什么金属制成的一个问题。

有一个奇怪的故事,不知同学们听见过没有?据说有一位乡下农夫,因事进城,寄宿旅馆,经过一夜。次日回乡,就向朋友们诉苦,他说在城里通夜未能合眼。朋友问他何故,他说床顶天花板上,有一只炫目的灯,灯光整夜不熄。那位朋友又问他为什么不吹熄。他说放强光的是一根细丝,包藏于玻璃球中，虽欲吹熄，终不可得。

　　我想同学们关于电灯的知识，当然比这位乡愚要懂得多。我今提出电灯的问题，同学们知道电灯泡里有几种细丝呢？

　　在以前电灯泡里用的细丝都是用炭制成的。炭不是金属，想同学们都应知道。今日电灯泡里的细丝，可用金属锇（é）、钨（wū）或钽（tǎn）来制成。此时有一位同学忽然想起在学校科学馆里，曾经看见另外两种金属，就是锑（tī）和铋（bì）。这话提醒了另一位同学，他说看见过这两种金属的棒结合在一起，加热于结合处，则两端所连接的电线上便发生电流。这种装置，叫作热电柱。另有一位同学，遂想起见过一只长磁管，放入炉中，可获高热。他听说有热电柱放在管中，热度越高，则所生的电流越强，所以读出电流的强度，便知炉中的温度。他问过一位电学家这热电柱是什么物质做成的。得到的答复是铂（白金）和铱。但同学们未能断定铱是单纯的金属，还是像黄铜那样的合金。铱实在是一种金属元素，只有铱原子组合而成，所以我们的金属表上还要加上铱。

　　我们的金属表至此已完备吗？我想同学们或许有见过钙的。抑或见过，大约总是在化学实验室里，钙须装于玻璃瓶中。这种金属，绝没有用作器皿及装饰品的希望。因遇空气，极易生锈（也可说是氧化），生成氧化钙，俗名叫作生石灰，钙遇到了水汽，便生成氢氧化钙，俗名熟石灰，同时放出氢气。

　　总计所讲的金属，在表上数来不下二十种。同学们所能见到的金属，若说比此还多，我是不相信的。竟有一位同学说我们忘却一种金属镭（léi），他说曾经见过镭的。我只是摇头示意，他就表示惊讶状态，并且说曾经见过医生手里拿了一小管镭。此时我并不是怀疑他所说的镭，是断定他见过的一定不是金属镭。譬如用膳时，桌上放有一碟食盐，同学们绝不能说是看见金属钠，因为食盐不过是含有钠离子的化合物罢了。那位同学看见过的，一定是镭的化合物，含有镭原子，确乎不错。但金属镭的外观状态和镭的化合物不同，正与金属钠的形状和食盐不同是一样的道理。金属镭是一种很神秘的元素，将另设一章，详细探讨。同学们等着！

我现在准备从镭起，再列一个金属表，都是同学们从来没有见过的。谈起了镭，就很容易联想到铀（yóu）。这种金属和镭有同样的神秘性质。忽然有位女同学插言道："大家都忘记一种很重要而且常见的钢。"我之所以一直没有提到钢，是想到同学们都知道钢就是铁的一种合金。这坚硬的特性，是由于铁中混有微量的炭所发生的。我们没有见过的金属表，就此完结吗？有几位同学猜想大概是完结了。但当我说出截至现在，虽然列出二十二种，却还有多种没有列出时，同学们都觉得惊讶！此刻已经列出的金属，还不及全体金属的三分之一。有一位同学，问其余的金属叫什么名字。

若将所有金属名字一一列举出来，大可不必，因在第十六章里有一个元素表，可供参阅。在那些金属中我想同学们只有少数可以听到，如钡（bèi）、钴（gǔ）、锰（měng）、锶（sī）等。再如，钇（yǐ）、锆（gào）和铽（liǎo）等，不但没有见过，连听都没有听到过，这是可以断言的。

我若将所有金属名字，一一诵读出来，等不到说完，我想同学们受了我的催眠术，恐怕要呼呼地睡着了！所以我只可将少数有趣的金属提出来谈论。我知道同学们一定要奇怪：为什么从来没有听见过这些名字呢？因为这些金属在地球上的分量极微小，名称又不显著。这些金属，虽在化学实验室中，也很少有机会看到，至于寻常地方，更是不用说了。

我今要问同学们一个问题："世界上什么金属最多呢？"大家环顾四周，稍加考虑，一定要说是铁最多。须知答复这个问题，并不是很容易的。铁固然是日用器具中应用最广的一种金属。但我的发问，并不是这个意思。我是问世界上什么金属最多。

有一位同学，依然坚持着铁最多，因听人说过，地球内心似乎都是铁。这点虽然不错，但深入地心，是不可能的。我们所讲的问题，只限于地壳上，最多像开煤矿一样，掘一个深洞而已。

　　我相信同学们的答复，大都是出于猜测，所以还是让我来解答，比较简捷。当我说出地壳上的铝，比任何金属都多时，同学们都觉得惊讶。要知道铁在地壳中，成为石块样的铁矿，用鼓风炉就可以将铁提出。铝是存在泥土状的物质中，不得不用烦琐的分离方法来提取。那么世界上铝的量既然丰富，何以价格并不见得便宜呢? 铁在地壳中的分量，比铝还少，何以铝比铁还贵呢? 其原因为从泥土状的物质中提炼铝的费用，比由铁矿中提炼铁的费用要多得多。

　　世界上发现铝的初期，价格非常昂贵，只能供给制造精致装饰用品。今日则日用器皿如锅、壶、匙、杯等物品，多有用铝制者，价格要算相当的便宜。价格大跌，究竟是什么原因呢?

　　从前制铝耗煤数吨，以热泥土状物质，使其发生化学变化，令铝原子结合成金属，如此生成的金属铝，只可获得一磅。

　　当第一次世界大战时，煤价既贵，而铝的用途又极广博，那时铝的价值格外昂贵，自在意中，但因发明了别的方法，可以以低廉的代价，使泥土状物质发生化学变化，所以它的价格不致高涨。同学们如随我神游伦敦的英国皇家学会，就会明白其方法了。

　　皇家学会迄今依然存在，但我希望同学们要回想百年前的景况。那时有一位青年化学家戴维（Davy），正忙着一种实验，希望同学们留心所生的变化。他从六百只电瓶所造成的电池上，导出两支电线，使电流通过一块白色碳酸钾上。本来将两线的末端伸入碳酸钾就可，但他因欲增大接触的面积，乃于一线端系一白金片，置碳酸钾于片上，碳酸钾上掘一小洞，倾入水银，乃将另线末端就插于水银中。戴维一心注视这碳酸钾，希望通电以后，碳酸钾即发生总动员。换句话说，就是发生化学变化，使碳酸钾分解，仿佛通电流于水中，水被分解的情况。

　　戴维对于这个实验，非常重视，极希望能从碳酸钾中析出金属钾来。如能达到目的，便算是无上的成功。因为到那时为止，还没有人能从钾的化合物中提出钾来，当然也没有人看见过金属钾！

　　电流既通，戴维看见白金片上产生气泡，知是氧气，因早知碳酸钾是由钾离子和硝酸根离子构成。德斐看见氧气泡时，就断定碳酸钾的分子已经发生总动员了。因为氧气是在导入线（阳极）上发生的，所以在导出线上期待着钾的发生，这支导出线是伸入水银中，所以钾应当聚在水银面上。

　　德斐用这种方法取得的钾，分量虽不多，但对此实验的结果，欣喜欲狂！为什么呢？因为发明了制钾的方法，看见有史以来从来没有人看见过的金属！同学们应当还记得，这种金属遇水便易发火，这是很奇特的性质。

　　同学们虽是神游皇家学会，然可想见百年以前的情况。戴维用同样的方法，又发现之前曾说及的金属钠，更利用电和化学的关系，制出金属钙来，这种金属实在是石灰中的一种重要成分。

　　自从戴维发明了电解法，以制成金属以后，不久（1886年）便有一位美国青年（22岁）化学家，名叫霍尔（Hall）的，发明了电解氧化铝以制铝的妙法。自此法发明后，铝才得到大量生产价格骤跌，于是可广用于制造飞机、汽车、潜艇以及许多日用器具了。

　　下章要谈神秘的物质了，想同学们一定是欢迎的。

第十三章　神秘的物质

关于神秘的故事，我想每个同学们都曾听得。我记得有一个神话，说有一种神秘的物质，烛火遇到它，便会立刻变成冰冻。像这种无稽之谈，简直没有人能够相信。但我要告诉同学们，我曾经看见过液体空气，同学们能够相信吗？这的确是事实。液体空气的外观状态很像清水。我曾将液体空气从一瓶中倾入另一瓶中。有一位同学问道："液体空气怎样制造呢？"

另一同学说，要想将空气变成液体，必须要加热才行，我乃摇头示意。他又说，因为固体铅加热，就会变成液体铅。固体变为液体，用这种方法是可以的，但这里是将气体的空气变成液体，加热就不行了。同学们若从处理水的办法着想，便容易想出制造液体空气的方法来。

水热到高温时，就变成蒸汽。欲将水蒸气变成液体的水，必须将水蒸气冷却。再要将水变成冰，必须格外冷却。处理空气也是和水相仿的。气体空气必须冷却，才能够制成液体空气，液体空气必须格外冷却，才能够变成固体空气，即空气冰。这种空气冰和寻常的冰不同，寻常的冰是水变成的。

有一位同学问道："人类能否呼吸液体空气，像鱼在水中呼吸一样？"另有一位年幼的女同学，她想试饮液体空气。这可使不得！我们决不可尝试，其理由往后便会知道。我想同学们应急于要知道的，便是空气变成液体的方法。

制造液体空气的装置，到一个大学科学馆里，或者可以看到，希望同学们随我神游这种实验室。当我们走进室中，便可看见一种大玻璃板制的起电机，能从莱顿瓶[1]中发出电气火花。同学们应该站远些，以免发生危险！火花发生时，有一种有规则的爆发声。室中还有许多别种有趣的实验器具，不过不是关于化学的。我们的目的，是要看制液体空气的装置。

同学们看见装置的重要部分，一定很惊讶。有一架机器，它的转动可以利用蒸汽机的力量，利用电机也有同样的效果。为什么要用机器呢？因为要推动空气唧筒，以压缩空气。利用空气唧筒，将空气迫入一个大金属筒中。我想同学们应都知道地球周围的空气，对于万物都有压力，也知道这种压力的大小。假定在地板上，画出一平方寸的正方形，这是个很小的面积，大约只有小豆腐干那样大小。同学们可设想就在这个正方形上，竖立一个不能见的空气柱，高达大气顶端，大约高达数百里，若论这空气柱的重量，究竟有多少呢？

有一位女同学说没有重量。这错了！她又猜测最多不过三四啢[2]重。这依然不确！盖一平方寸的空气柱，其重量约有15磅。接着就有人问道："既有这样大的压力，为什么天平盘不往下坠呢？"这因空气的压力，对任何方向都是均等的。我想同学们还可知道大气的压力是随着时间，地方而微有变动的，看看气压表上的水银时常有升降，便易明白了！

空气唧筒中的压力，比大气的压力约大200倍，想同学们必能明白这个意思。因我曾说过，一平方寸的大气压力重有十五磅，则利用机器上的唧筒

1.莱顿瓶：一种用以储存静电的装置，最先在荷兰的莱顿试用。作为原始形式的电容器，莱顿瓶曾被用来作为电学实验的供电来源，也是电学研究的重大基础。（编者注）

2.啢：英美制重量单位，常衡一啢是一磅的十六分之一，也作"英两""盎司"（中国大陆地区已停用此字，只用"盎司"）。（编者注）

将空气压入金属筒中,其压力必定还要大200倍。但被压入金属筒中的空气,同学们是无法看见的,所以我要将金属筒中发生的现象详加说明。

被压缩的空气,要经过很长的螺旋管。螺旋管的形状像起木塞的螺旋,也可说像宝塔中的圆式楼梯。被唧筒压缩过的空气,随即经过螺旋管,从末端逃出,即达到盛螺旋管的长圆筒中。此时空气因不受压缩,乃突然膨胀。空气膨胀,就消化一部分的热量,因之空气的温度较前降低。使这温度降低的空气回到唧筒,再施压缩,复经螺旋管,照样出管膨胀,于是温度就格外降低!

每次从螺旋管末端逃出的空气,温度总比较降低些。这种低温的空气,因围绕着螺旋管的周围,所以螺旋管中的空气温度也会逐渐降低。这种情形仿佛同一杯沸水放在冷水里,不久就会冷却一样。这种工作,不过是要空气冷却,也就是它主要的工作。利用这种机器继续工作半小时以后,那关闭于长圆管中的空气温度就会降得非常低,乃凝成流动的液体,从长圆筒底流入一小槽中,小槽下装一短管,伸到长圆筒外。管上装一只龙头,开放龙头液体空气就可流出。用什么器具来盛液体空气呢?

有人提议应盛入玻璃酒瓶中,以便观察。有一位年幼的女同学问:"液体空气可以试饮少许吗?"我说无论如何不能用口饮,也不能用手接触!须知饮沸水,有烫伤的危险,若误将沸水泼落婴孩身上,婴孩有丧失生命的可能!这是同学们都知道的。至于液体空气,不是很热,而是极冷!同学们应知道寒暑表放进沸水中,水银就会急升,放在冷水中,水银就要骤落。如将华氏寒暑表放到沸水中,水银能上升多少高度呢?有一位同学说水银能沸腾。这是错误的。水银在沸水中只升到212度[1]。水银要上升到3倍于这个温度才沸腾呢!现在让我们来比较沸水和液体空气的温度:

观察寒暑表上温度的升降,应从何处做起点呢?有一位同学提议以水

1.即华氏度,是计量温度的单位。目前包括中国在内的世界上绝大多数国家都使用摄氏度,不再使用华氏度。下文同。(编者注)

的冰点为起点。但在寻常日用的寒暑表上,用水的结冰温度来做起点,不见得便当,因为中国常用的寒暑表是华氏所发明,所以又叫作华氏寒暑表,在这表上结冰的温度是32度,所以我们应当采取0度,作为考查水的沸点和液体空气温度的起点。如将寒暑表插入食盐和冰的混合物中,水银就可以降低到0度。以此为起点,甚为适当,因对于寒暑表在沸水中或液体空气中水银的急升或骤降的程度,可一看就晓得了。

但没有人想起温度还没有降低以前,水银本身就要结冰的。水虽然在32度结冰,但水银要再下降66度才结冰。下降时经过0度后,再要降34度才能结冰。水银寒暑表既不能测量低温,科学家自然有别种方法可用,但我不愿在此时说出,以免过分繁复。我们的目的是比较沸水和液体空气的温度。

现在我们必须注意寒暑表的升降,当将寒暑表插入沸水中时,可看到寒暑表升高到212度,这是从0度算起的。若将寒暑表插入液体空气中时,同学们应当看到它急速下降,达到0度以下,还是往下降,但究竟降到什么程度呢?有人说可降到零下58度,因为在他所见到的低温记录上,这是最低的度数。我说这确是北极探险家的报告上所记载的最冷的温度。倘若空气在零下58度就变成液体,我们再也见不到那些探险家,听不到探险家的报告了!因为他们早已得不着气体空气呼吸,因窒息而死了!

还有人猜测寒暑表在液体空气中降低的度数,却和在沸水中上升的度数相仿,即是零下212度。不对!这种猜测还嫌不足。在液体空气中的寒暑表,它的温度可降到零下312度。由这种情形看来,液体空气冷得厉害,可想而知了。我们觉得在寒带地方,冬天寒暑表上降到华氏0度,已是冰天雪地,很不舒服。然而这种温度,比起液体空气来,还是热得非常!倘使同学们能明白液体空气酷冷的程度,我想你们一定会怕它,比沸水烫伤还要厉害!自然不会有人要求一饮了!现在让我们再来讨论物质遇到液体空气时所呈的神秘现象。

金属长圆筒中的空气，曾经冷到零下312度，才变成液体。要试验它的性质，必须使它流出一部分，流出时倘若盛入玻璃瓶中，将有什么现象呢？玻璃瓶的温度，比较液体空气当然是热得多，所以液体空气就急剧蒸发而去。这时玻璃瓶自然也会逐渐变冷，但瓶外的空气很热，仍能使玻璃瓶的温度逐渐升高，有恢复原有温度的趋势。像这样继续进行，结果液体空气乃全体沸腾而去。沸腾而去的是气体，也就是氮、氧等气体混合的寻常空气。液体空气既然容易变成寻常空气，那么用什么方法来阻止呢？

有人提议液体空气的四周要隔绝空气，否则决不能保持低温。这是对的，但用什么方法隔绝空气呢？有一位同学提议将液体空气装入金属罐中。我想他一定忘记了金属是热的良导体。罐四周的空气，立刻要将罐的温度提高。若竟如此去做，灾害立至！因为液体空气沸腾，变成气体空气时，金属罐就要爆裂，正和水沸腾而水蒸气没有地方出泄，有同样的危险！现在我们不必浪费时间，妄加猜测，只要知道液体空气应盛入什么特殊的器具中，就可以了。

实验室里有一位助手，手持一只玻璃管，外层镀满银衣。外观上好像有很厚的玻璃壁，但两壁中间是空的，所以重量很轻，像第二十七图的样子。这是一种特殊玻璃管，就用以盛液体空气的。今日盛行的热水瓶就是仿造这种玻璃管而制的。这种玻璃管好像是一小管套在一大管里而将两管上端连接在一起，再把两管壁间的空气从外管底部尖端抽去，使成真空。将液体空气注入管内时，则内管壁立刻冷却，但内管壁外为真空，没有空气围绕着，所以内管能保持冷却，因隔绝了较热的空气，使它无法增高内管的温度。外管镀一层银衣，更可阻止外热的侵入。

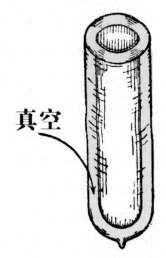

真空

第二十七图 盛液体空气的玻璃瓶

这个特殊装置，无疑是两只玻璃管相套，封闭而成。两壁中间的空气，由下端抽去，使成真空，因得保持低温的液体空气。

有人指明将酷冷的液体空气倾入管中，管口还是有寻常的空气要进去。这是对的，不过这个接触面很少，液体空气变为气体的机会并不多。有一位同学提议管口可塞一木塞，即可阻止液体空气的飞散。他忘记我曾说过的液体空气装入金属筒中的危险了。如果用本塞塞住管口，则木塞就像气枪口上的塞子，很容易"砰"一声飞去！若木塞塞紧，则玻管就会炸裂。究竟该怎么办呢？只要用些棉花塞住管口就行，因有了棉花，外面的热空气和液体空气，多少总可以隔绝的。

有人说用这种双层玻璃管盛液体空气的保冷时间，正和热水瓶里装进沸水的保温时间大致相等。这话很对！这两件事是一样的，所以将盛液体空气的玻璃管，改盛沸水也可以保温。今日盛行的热水瓶，即是应用这个原理而制成的。闲话少说，此刻且做几种实验，用来增加兴趣。

试将液体空气，倾少许于汤匙中，液体沸腾，仿佛沸水汽化而飞去，顷刻之间化为乌有。想同学们一定知道这是液体空气恢复常温，变成寻常的空气了。

　　次将水银（常温时是独一无二的液体金属）盛于玻璃管中，管外扎以铁丝，沉入液体空气中。玻璃管一经触及液体空气，液体空气便沸腾，如同水沸腾一样。究竟水银发生什么变化呢？水银当然立刻结冰！乃将玻璃管提出，用力击破，就看到成块状的水银。同学们应该要怕它的极冷和怕炽热的铁一样。乃用钳子夹住固体水银，以铁锤锤成C形，可以暂充钩子的用途，但恐四周空气的温热能令固体水银温度逐渐升高，不久就要恢复本来的液体状态。

　　第二个实验，就是试验液体空气对于葡萄的影响。取葡萄数个用细线结好，浸入液体空气中，则立呈沸腾状态。提起葡萄，见它已变坚硬。放在桌上滚动，仿佛大理石琢成的圆球。用铁锤一击，立成齑粉！若用鲜花来代替葡萄，也有同样的情形。

　　最后的一个实验，是用液体空气来替代水蒸气，同样可以推动玩具蒸汽机。

　　我想同学们应该记得液体空气的温度是零下32度，有一位同学怀疑这是不是最冷的温度。我说从前认为它是最低的温度，但后来液化氢气时，温度降到零下422度，氢气才成液体，液体氢气达到零下432度，还能结成固体。科学家还能造成比此更低几度的温度。

　　在离开液体空气装置以前，有一位同学说对于空气渐次冷却的道理，还是不大明白。至于被压缩的空气，从螺旋管口逃出，膨胀时就变冷却，随又被逼，复入螺旋管，压缩时乃反变热些，这种事实他已明了。须知被压缩的空气，每次通过螺旋管时，它的温度总比前一次要低些，所以空气经过多次循环压缩后，便能十分冷却了。我深恐同学们不容易明白其中的道理，所以不惮其烦，再设比喻来说明：

设有一群同学于此，每人发给铜元十枚。在一广场中，有亭一座，只有两门可以进出。每位同学走进亭门，加给铜元一枚。若一群同学都进亭门，则每位同学有铜元十一枚，比以前要多一枚，但从另一个门走出时，每人应缴铜元两枚，则每位同学出亭后只剩铜元九枚。绕个圈子，再从原来的门进来，又获得铜元一枚，那时仍旧是十枚。走出亭门时，又须缴去两枚，因之只剩八枚。如此继续进行，进亭得着一枚，出亭失去两枚，结果同学们的铜元乃逐渐减少，终至一枚也不存。同学们如能明白这个比喻，对于空气经过螺旋管，热量逐渐被夺的道理，也不难明白了。

此时还有一事，希望同学们注意，即空气变为液体时，它的成分并没有变更，就是说没有起化学变化。有一位同学问："为什么要谈到化学上的问题呢？"通常总是如此，普通化学书上都要讨论液体空气的。制造液体空气，虽没有化学变化，和水的三种状态——蒸汽、液体、固体（冰）变化一样，但液体空气对于化学家有很大的贡献，所以本书决定要写这一章。

今将再进一步，来研究更神秘的物质，希望同学们细心听着！

第十四章　更神秘的物质

同学们曾经听见过镭吗? 这是一种很神秘的物质。镭初发现时,大家很是注意。报章杂志竞相记载,甚至说有镭以后,蒸汽机可以摒弃,不用煤可以获得大热,一切癌症和其他疾病都可以治愈。当时镭价虽是比黄金贵七千倍,但因地中含量丰富,不久就会很便宜的。这些话未免过于夸张,话虽如此,镭这种物质,的确是很神秘而有趣的!

当同学们猜测曾经见过几种金属时,记得有一位同学说他曾经看见过镭。当时我就说他看见的一定不是镭金属,是镭的盐类。我初次看见镭盐,是在某实验室中。

我对于电气器具的动作还熟悉。有一种器具叫作验电器,是可以检验受电和放电的分量的。如四周的空气能变成良导体时,就可以察出镭的存在。这里有精密的起电机,能使验电器受电。同学们应知道电是常常想从荷电体上逃去的。装置这种验电器,须使电无法逃去,四周只有空气,但空气是不善于导电的,所以验电器受电后,可以经久不散。曾经听说如有镭在验电器的近旁,就能使周围的空气有善于导电的性质,因之电就能够逃散。现在希望同学们随着我去看个究竟。

当验电器已经受电后，一位助手嘱我们留心看是否有放电的现象。说罢，他就到另一室中去取镭了。我们当然用心关注这个验电器。不久忽然起了放电现象，我们不由得呼唤起来，这正是助手拿了镭走进门口的时候。换句话说，就是助手踏进门口时，验电器就开始放电了。我们抬起头来，望见助手手中只有一支小玻璃管，管中盛了微量的镭盐。镭盐的量虽是极微的，但的确能够影响到验电器。同学们看看，这种物质够神秘吗？

镭可使验电器发生放电的现象，还不是顶有趣的事。我之所以要先把它说出，是要你们晓得怎样侦查镭的有无。想同学们一定喜欢知道镭发现的经过情形。

若想目睹镭的发现，一定要随我神游法国巴黎，到一所大学里去访问贝克勒尔教授（Bequerel），看见他正忙于做些实验。有一位同学问我发现镭的是不是这位教授？我说并非这位教授，是他的实验，足以引起镭的发现，这就是我们要来访问他的原因。若问做些什么实验，他会告诉我们是试探某种物质是不是也能放出不能见的X光，好像由X光管放出的X光一样（X光是由德国的威廉·康拉德·伦琴所发现）。他对于所想到凡能发生磷光[1]的物质，都一一试过，结果乃获得新发现，所以非常高兴！他曾经做过别人认为淡然无味的实验：将照相底片外包铝箔，置于黑色信封中，信封外面放少许铀盐。送到太阳光下，深信光线决不能透过铝箔，达到照相底片。结果发现铀盐发出不可见的光线，能够透过黑色信封，又穿透金属铝，其证据是因照相底片上感光的部分正是铀盐放置的地方。

有一次贝克勒尔想重做这实验，因浓云蔽日，大地昏暗，遂将照相底片与铀盐分别暂置于抽屉中，以待晴天的来临。有人问我他为什么需要太阳光。我说恐怕那种不可见的光线，也许是受日光刺激而生，好像磷光是需要日光才发生似的。历时不久，贝克勒尔从黑暗无光的抽屉中取出照相底片

1.磷光：当某种常温物质经某种波长的入射光（通常是紫外线或X射线）照射，然后缓慢地发出比入射光的波长更长的出射光（通常波长在可见光波段）。（编者注）

时，发现已被铀盐感光了。这是一个重大的发现，因此证明了这种不可见的光线和磷光有了区别。贝克勒尔还有其他的发现：

我们看见桌上有一个简单器具，可以受电。贝克勒尔用各种铀盐样品，一一试验，注意每种样品使这器具放电的快慢。他说这些铀盐，是从波希米亚等地的沥青铀矿中提出的。

贝克勒尔自称很幸运，能够发现只要有铀盐存在就可使验电器放电。这个发现，就在发现铀于黑暗中能使照相底片感光之后。他的验电器万分灵敏，能够立刻明白表示各种盐的样品所发出放射线的多少。当他用一块沥青铀矿检验放射性，发现放射性远比沥青铀矿中提出的铀盐更大时，当然惊异不止（因知铀才具备放射性）！沥青铀矿的放射性反比铀盐来得强，显而易见铀矿中一定还有放射性更强的物质存在。

所谓放射性物质，就是某种物质能放射不可见的光线的物质。一位同学有一张X光照相，他说X光管是具备放射性的。同学们要想想，X光管到实验时才具备着放射性。我所说的放射性物质，是它自身会发出比X光线更多的射线。如铀盐的放射线，除具备X光线外，还有别种放射线，而且是继续放射，日夜不停地！贝克勒尔发觉沥青铀矿的放射性比铀盐大两倍半。欲在沥青铀矿中寻出放射性比铀更大的某种新物质，其是一件难事！深愿有人能够彻底探索，寻出这种新物质。适有一位皮埃尔·居里（Pierre Curic）教授，曾娶一位女同学为妻。这位女同学是波兰一位数理博士的女儿，研究化学备极热心。贝克勒尔乃要求居里夫人担任这种艰难的工作（搜寻隐藏于沥青铀矿中的新物质）。如能提炼出来，其放射性自然比铀更加强烈！居里夫人遂毅然应允。同学们或者以为这是轻而易举的事，才让给居里夫人做的。以为在沥青铀矿中已经测得有放射性很强的物质存在，只要从中提取出来就可，料想居里夫人一定很容易使它发生化学变化。因此，新物质就可以获得。同学们呵！果真像这样容易的工作，贝克勒尔也不见得要劳居里夫人的手了。贝克勒尔深知这种工作，必须有极度的耐心和灵敏的技术才行，少量的化学变化显然是不够的，因沥青铀矿由多种原子及各种不同的方式而结合，即使经过几次的化学变化，也许还不能分离出新物质来。话虽如此，倘若没有柏氏发明用验电器来测验放射性物质的方法，居里夫人的探索当然是一无所获了。

居里夫人处理数吨重的沥青铀矿，每经一次化学变化后，就送到验电器上去检验放射性，这样经过多次的化学变化后，就获得几种物质，其中一种的放射性比铀大四百倍。这个新发现的物质，名字叫作钋（pō），以纪念其祖国波兰之意。居里夫人继续探索，更经过多次的化学变化后，又乃获得另一种新物质，它的放射性比铀竟大到一百万倍，确是一种具有极强放射性的新物质，就叫作镭（旧译作鈤）。同学们既听到镭发现的经过，当然更希望看看这种新物质的神秘性质。

时在1903年，在镭发现后，大家都喜欢谈论它的神秘。有一位同学称镭的产生，比他出世（1933）不过早了三十年的光景。这话很是无稽！假使说他的年龄比镭小三十岁，那么现在他的年龄应该是几百万岁了。我是说镭的发现是在1903年，但它存在地球中，却远在有人类以前！地球中既有多量的镭，为什么比黄金还要贵几千倍呢？镭当然不像铁那样丰富，但存于多种物质中。设有一位年幼同学，问黄金是从什么地方找出来的，我就说可以从海水中找出。同学们可以认为我所说的是无稽之谈，但海水中确含有金，已为化学家所公认。那么浩浩海水，取之不尽，何以要自寻烦恼，偏要挖掘地壳探求金块呢？因为海水中含金的分量，实在是微乎其微！若从海水中提出黄金，就得花费巨大的代价。但沥青铀矿中含镭之量，比海水中含金的量还要少，又没有现成的镭块可掘，这是镭价奇贵的原因，想同学们总可以明了了。

我们知道镭不断放射X光线，有人说并且放射出另外两种光线，但实际上除光线外，还有别种物质。镭放射出许多电子，即是阴电的粒子。镭又不断放射氦原子，并变成稀有气体的氦分子。

有一种幻术：演者可从礼帽中变出各种物品来，同学们或者曾经见过。我记得看见一位幻术家的桌上，放了许多物品，分明是从帽中取出来的。我知道他的变法但不愿说出，等重演时，好让同学们看出他的秘密来。我之所以要提及幻术家，是要说明不论他的手法如何高妙，持续表演终有变不出来的时候，因所贮藏的物品，总有取尽的时候。镭怎样呢？镭不断地放射X光线、电子和氦原子，似乎没有止境，实际上却不然，总有停止的时候。那么镭从什么地方获得这些物质呢？

镭有放射性，是因原子的一部分崩溃的缘故，同学们要晓得原子图，翻阅第五图便得。假使一个原子崩溃后，它结果怎样呢？在原子核外绕行的电子，以极大的速度飞奔而去。阳电核和它周围的几个电子又怎样呢？失去一群电子的阳电核虽然存在，但原来的原子不复存在。现存较少的电子，阳电核的一部分乃成为较轻的原子，叫作氦，另一部分成为别种原子。这是后话，容后再说。镭原子实际崩溃时，射出游离的电子和生出新原子。至于X光线是什么呢？从什么地方来的？

X光线的确是一种光线，是在弥漫宇宙中很神秘的"以太"中的一种波动，和寻常的光线正相仿佛。医生常用电机发射X光线摄成照片以检查身体。同学们或者曾经看见过X光管，管中一端射出电子，突击另端金属靶上，致被阻止，就发生反射，乃在"以太"中发生波动，就叫作X光线。当镭射出电子时，"以太"突被激动，也就生成X光线。

镭的另一种神秘性质，是柏氏偶然发现的。他从巴黎出发，往伦敦演讲新物质的发现，随身携带微量的镭盐，以备演讲时展览之用。因此物珍贵无比，不能遭受意外的损失，乃盛入小盒，妥放背心袋中。两星期后，发觉贴近袋中镭盐的腰间，皮肉红肿感到痛楚，经过几星期的医治，方告痊愈。居里教授也有同样的遭遇,因用手持镭盐从事实验后,指头上就感到痛苦。这样看来,镭放射对于人体有奇特的影响是毫无疑义的。自从他二人无意中获得这种发现后,医生遂采用错误治病,并非伤害有用的皮肉,乃是毁灭有害的肉瘤!

此时我希望同学们随我神游某实验室,参观美丽的实验,预料同学们必定要说这个实验是最神秘的了!这个实验,应当在暗室中举行。未熄灯前,首先应注意其装置。这里是一个玻璃瓶,瓶中盛少量镭盐。瓶口插一细长玻璃管,连接到含磷光物质的玻璃管中。如有放射性物质放射光线到这磷光物质上时,便会放出亮光来。有一位同学们以为镭盐会沿着玻璃管移动过来的,但没有人会相信,事实上也不会有的。因为管上有一活栓,关闭起来瓶中的气体都无法泄漏,何况固体物质呢?因欲见磷光物质的放光,所以将电灯熄灭。

扭开活栓好让一些气体通过,达到管中的磷光物质上。正在等待看有何变化时,有一位同学以为或有光线能通过玻璃管达到磷光物质上。但X光线仅能射经很短的距离,且依直线进行,所以是不会通过的。无论如何,X光线不受密闭玻璃管的阻止。那么,镭所射出的电子怎样呢?电子不能射到这样远,而且像枪弹发射出去,是不能突然转弯的。现在所用的细长玻璃管,一端装于瓶上随即转弯,将近末端再度转弯,装于另一管上,所以电子绝不会由瓶中经由曲管达到另一管中的。只有气体才能够沿着弯曲的细管进行。这时已看见磷光物质开始逐渐放光,所以断定镭放射气体。

镭放射出来的气体,起初叫作"镭射物",现今称为氡(dōng),同学们听到的气体"氡",便是镭的后裔。

扭开电灯,取去细长玻璃管,另换一支内壁涂有磷光物质的细长玻璃管。再关电灯,又可以看见瓶中气体沿着细长玻璃管达到另一管中。同学们看见靠近镭瓶口的细玻璃管开始放光,逐渐蔓延,达到另一管中的磷光物质上。

关于镭的问题，我本想暂告结束，再写一章，专谈"星光化学"，只因还有几种有趣的神秘现象，又未便遽然停止。

镭的另一神秘现象，是放射不能见的光线且具有传染性，这的确是很奇特的！同学们知道有些疾病是会传染的，譬如接近感冒、麻疹、猩红热或白喉患者，就容易传染到自身。镭的放射性和传染病相仿佛，能够传到别种物体上。居里教授和居里夫人曾经注意到这个问题，将一些物质接近镭后，就沾染放射目不能见的光线的性质，但一经离开，这种特性便易消失。有些物质，经数小时即失其放射性，也有持续至数天之久的。多年以前，有一位大化学家克鲁克斯（Sir William Crookes）曾藏一粒金刚石于镭盐中，历一年半后方始取出。他告诉人说，金刚石由镭染得的放射性，历久不散。因将金刚石接近验电器，即呈放电现象，和用镭盐试验有同样的效果。居里教授用镭盐试验时，发觉自身有时也会具有放射性，足使灵敏的验电器放电。

虽然还有别种神秘有趣的事实，但这些事实多在高深的书籍中叙述。等同学们长大，学问丰富时再去研究吧！

第十五章 星光化学

　　从起首几章里，同学们就知道什么是氧气，什么是氢气，什么是碳酸气。氧气能使红热的烛芯大放光明；氢气能够燃烧，若和空气或氧气混合，点火就会爆发；碳酸气吹到烛焰上，火焰立刻熄灭，仿佛和泼水灭火一样；通入澄清的石灰水中，立刻产生乳白色的浑浊物，外观上很像乳汁。

　　化学家早有许多巧妙的方法，以侦察各种物质的成分。譬如有一瓶液体，外观上很像清水，问问化学家这瓶里是什么物质？化学家就取少许蓝色液（即石蕊质，一种植物质溶于水中的溶液）于试管中，再倾入这清净似水的液体，如忽变红色，即知这液体含有"酸"。这就是检验"酸"的一种特殊方法。同学们吃水果时，不妨将这种水果汁滴入蓝液中，它会立即变成红色，就可知水果中有"酸"存在。

　　另有一瓶液体，遇到红色石蕊液，立刻变成蓝色，化学家就知这液体中含有"碱"。这就是检验"碱"的一种特殊方法。同学们常用的肥皂液或石碱水，就有这种特性。

　　一块金属，化学家可以从外观上毅然断定它是某种金属。但外观似水，实际上含有铁原子的液体，化学家怎样知道有无铁原子存在其中呢？

有一位同学插言道："铁能变成液体吗?"我所说的不是液体铁,若要液体铁,并非不可能,只要将铁送到鼓风炉中加以强热,自会变成液体,流注砂模中,便可制成各种生铁器具。我所讲的,是液体中含有铁原子和别种原子所构成的物质。试取一片金属钠,可以一见就晓得。但如水中溶有少量食盐,就不能从外观上看出是有钠了。实际上是有的,因食盐由钠离子和氯离子构成,我想同学们还可以记得。

化学家有一种方法,可以侦察液体中金属的存在。先将某种固体化学品溶于水中,滴加少许于欲试的溶液中,以试探有无金属存在。倘若不起变化,就可断言溶液中没有金属。如溶液中有微细粒子下沉,就可以断定溶液中有金属存在(因有化学变化的发生),生成的这种细粉,化学家叫作沉淀物。

化学家依沉淀物种类的不同,就能断定液体中是何种金属和别种原子结合存在,且有各种不同的方法,去试探隐藏于化合物中的各种金属。但在"星光化学"里,是怎样办法呢? 怎样知道星球的成分呢?

有一位年幼的同学,他说知道探试的方法。因曾听得天空中会落下陨石,化学家可以从陨石中侦出里面有什么金属来。另有一位较长的同学说,陨石不落到地球上,不过是从天空的一处落到别处而已。这话未可全信,因天空的陨石大都落到海洋里,总有机会落到地球上。化学家获得陨石,就会加以探索,但此事不是用以侦察星球成分的方法。星球并不单是放光的固体,其周围还满布着火的气体呢!

有一位年约十岁的女同学说,可以用望远镜看到天空的星球,侦出它的成分。她说得对,也可以说是不对。从星球外观的状态上,虽不能决定其成分,但能从特殊的望远镜中,寻出它的成分来。我愿以化学家的观点来观察星球,所以假设在实验室中先做几种实验:

怎样设计一个假星球呢? 因星球周围满布着火的气体,所以在实验室中，可以燃烧各种气体，从特殊望远镜中侦察。所谓特殊望远镜，就是"分光镜"，用来观察光谱的一种仪器。同学们或者早已留心过光谱了。每当夏日，雨后新霁，天空常有彩虹出现，那就是太阳的光谱，或置镜面于日光中，镜边光线反射，有时也呈彩色光谱。女同学的玻璃饰物，也有同样的效果。若用三棱镜观察烛焰，自会看到很美丽的光谱。试问考察光谱，怎样能帮助侦察星球的成分呢？

在实验室中准备实验，可燃烧各种化学药品，以生成各式各样美丽的火焰。最好燃着各种火焰材料，可以获得各种颜色的光辉。

用于考察光谱的分光镜，其中有一个三棱镜，用以分散光线，使光线分成美丽的颜色光谱。同学们试观察分光镜，光线进入望远镜，从一个遮蔽物上的一条细缝中穿进观察片刻，就可知其重要性了。

在熄灯以前，首先要搜集各种化学药品。有一只瓶上写明是氯化钠，这是食盐的学名。虽没有食盐二字来得通俗，但看了容易知道是何种元素所组成。另外还有些药瓶，应放在手边，因实验是在暗室中举行，取用时可便当些。

最简单的手续，是将各种药品分别撒到火焰上。最好用本生灯。这个灯是本生（Bunsen）发明，如第二十八图的式样。

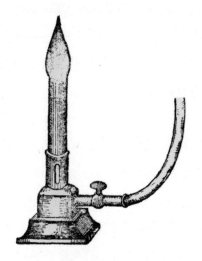

第二十八图　本生灯

注意管底侧面小孔，乃是空气的进口，和煤气混合。火焰光耀虽
然微弱，但其温度很高。

　　同学们要注意这支特殊的气体灯：它有一支长圆金属管，直立台上，气
体就从管底送入。在气体的进程中，转动另一个短圈套，可以引进空气。气
体和空气的混合物升到管顶时，用火燃烧立即着火。温度很高，然光辉甚
淡。然后用少量化学药品，撒到焰上，同时从分光镜中去观察。

　　在开电灯前，先用分光镜去观察有白炽罩的煤气灯，可以看到一条美丽
颜色的光谱，计有赤、橙、黄、绿、青、蓝、紫七色。观察别种白热固体物，也
有同样的光谱。

第二十九图　从分光镜中看见的简图

这个图形，是从分光镜中观察钠焰所看到的情形。

　　燃起本生灯，撒以少量食盐，从分光镜里可以看到暗淡光谱中，有一条明亮的黄线，在第二十九图上一条白线的位置。同学们要知道，钠光谱中的黄线本有两条，但其距离相隔很近，非有精密的分光镜不容易看清，用我们的分光镜来看，那两条线因接近就好像是一条。

　　有一位女同学说，不懂得颜色成为线状的道理。我就问她："白天走进一间暗室中，在窗壁上挖一个小圆洞，地板上应有什么现象呢？"她说应当有一团亮光，形状是圆的。我又问她："若在窗壁上划一条细缝，地板上将呈什么现象呢？"她预料地板上是一条光线。于是我把分光镜上遮藏物中的一条线缝给她看，她才明白光谱成为线状的道理。

　　有一位同学问道："从分光镜中去观察煤气灯，为什么不看见细线呢？"因从固体物质（白炽罩）而来的白色光线，能放出无数的细线，从一端达到另一端，所以叠成有色的连续光谱。有人想知道光谱上的细线，占有不同位置的道理。但这个问题，将涉及别种问题，恐要忘却所谈的是化学问题了，只好留待将来遇有机会时，另行讨论。此刻只可说光波通过三棱镜后，即转换方向进行，光波越短，弯曲的度数越大，所以最短的光波生成光谱紫色的一端，光波最长的就生成红色的另端。所谓长波，就是说两波间的距离较远，短波就是说两波间距离较近的意思。

　　有几位同学迫不及待，情愿先从分光镜中去观察，也不愿多听什么不能见的光波。等到他们年岁渐长，知识丰富后，再去研究这个问题，自然更觉得有趣。现在让我们来做下面的实验：

　　我在暗室中，另取一药瓶，同学们当然看不出签条上的名称。当同学们从分光镜中观察时，我即取此瓶中的药料少许，撒到火上，他们就看见光谱红端和紫端各有一条明亮的细线，像第三十图的样子。

第三十图　钾的指纹图

从分光镜中观察钾焰，常呈本图上两线的形式。用此种方法去侦查
钾，和用指纹去搜捕犯人，是一样的道理。

我尝称此图为钾的指纹图，因为光谱中有这种线时，便可知道钾的存在。同学们应知道犯人常常要打手印的。是将手指揉到墨中，再移到纸上一按，手指离开，纸上便留着精微的细纹。这种指纹，在世界上绝没有两人完全相同的。一个犯人可以化装改变容貌，使得警察不易辨认，但指纹是无法改变的，所以凭指纹犯人就不能再狡辩了。我们从光谱中的细线，可以察知有什么元素存在。

本书上只用黑色表示彩色光谱，白线表示颜色细线。有一位同学问道："为什么不用彩色光谱呢？"一则因为彩色光谱印刷很费工本，致增读者负担，二则因为彩色光谱在初中物理、化学书上通常都会有的。

钾的指纹图，两端各有一细线，料想同学们想不到用的是什么药品。当我说是厨房中常用的酒石粉时，想同学们一定很惊奇。酒石粉的化学名称叫作重酒石酸钾。这个学名，比俗名来得复杂，但一望而知其中含有钾的成分，化学家从分光镜中看两条细线时，便可断定有钾存在。

今将数种不同的物质，分别撒到火焰上，望同学们说出它们的名称。同学们要注意，我来做些幻术，这里是从别个瓶里取出来的少许药品。握在手里，暂且不给同学们看，同学们从分光镜中看去，看见一条明亮的黄线。它的位置恰和第二十九图的黄线位置相当，当然可以说它是食盐。再从另一瓶中取出药品，撒到火焰上去看，同学们仍可说是食盐。于是再试燃第三瓶中的药品，同学们所看到的细线，正和第三十图上的细线相当。因为从前曾用过酒石粉发生这种细线，所以同学们可说它就是酒石粉。再取第四瓶中的药品，投到火焰上，也产生同样的细线，同学们可仍说是酒石粉。若我批评同学们的话没有一次不错的，一定都觉得惊异！这并不是和同学们开玩笑，实在要使同学们明了分光镜只能探索元素。第第二十九图表示有钠元素，并非即指食盐。我所以用食盐，是因为要获得钠焰，以此为最方便的缘故。同学们应知道食盐是含钠的一种盐类，学名叫作氯化钠，别个瓶里是什么呢？

一瓶中是洗濯苏打，学名是碳酸钠。另一瓶中是焙用苏打，又名小苏打，学名叫作重碳酸钠，或叫碳酸氢钠。这都是钠盐，都可以发出这种特殊而明亮的黄线。别只瓶里又是什么呢？

我想同学们可以说别只瓶里都是钾盐了，或者有人可猜到一瓶里是硝石，学名叫作硝酸钾，又有人可猜到第四瓶里是氯酸钾，就是曾经来制取氧气的物质。

专选钾和钠两种元素来研究，是有着特别的原因。如将钾、钠的金属给同学们看，外观上很相似，我不信同学们能够分辨清楚，哪个是钠？哪个是钾？但在分光镜中看来，就有着特别的差异。用分光镜来侦察钾或钠，是绝不会有错误的。

燃着一种钡盐，同学们可以看见光谱中绿色部分，有美丽的细线。又燃着一种锶盐，看见大部分的亮线，集中在光谱中的红色部位。这两种化学药品，为焰火厂家所常用。着火时能显出美丽的绿光和红光。谈论到此，关于星光化学的问题，可暂告结束。我想同学们都容易猜出这研究星光化学的方法。星球是一种球体，周围满布着燃烧的气体放出光辉，我们可以用分光镜去考察那遥远的火焰。若由分光镜中摄出光谱照相，考查细线的位置，可更觉便当。试将摄得的星光谱和实验室里燃烧各种药料所得的光谱，两相比较，察看细线的位置，就可以侦知星球的成分了。

我们考察日光（这个恒星距地球虽有九千三百万里远，但比较真正的星球，要算是很近的），已经知道太阳里面含有钠、钡、钙、铁、锌、氢以及其他的许多物质。有一位同学，以为白热的铁只有像虹一般的光谱，不会发生细线的。这是十分对的，但我并不曾说太阳里面有白热的铁块，只说那燃着的气体中有铁原子存在，且看我们怎样的说明。

今将一片铁，送到炽热的电弧中，从分光镜中看去，可以看到光谱中有许多美丽的细线。这种炽热的高温，能将铁变成白热的气体，或者说是蒸汽，才能够考察这种铁焰。

还有一事，我应当告诉同学们，否则看到星球光谱照相上的黑线代替了亮线时，一定要十分惊讶的。我知道它的原因，但同学们须等到将来才容易明白。年岁较长的同学中愿意明白这个原因的，谅不乏人，所以我不得不稍加解释：这种黑线是由炽热星球外围的冷气所生成，因为那些光波为冷气所吸收，即是波动被阻，以致达不到地球上，所以在光谱中明亮部位现出黑线。

某日，有一位天文学家洛克耶（Sir Norman Lockyer），考察太阳光谱发现一种细线，那是在实验室中从来没有见过的，乃推测太阳里一定有一种什么元素，是地球上所没有的。他就给它一个名字，叫作氦（太阳之意）。到二十七年后，有一位大化学家拉姆齐（Sir William Ramsay）发现地球上也有这种新元素，但分量不多。在前章里，讲到神秘物质镭元素时，曾经提过氦的，想同学们还可以记得。今日飞船上采用氦以代氢，可以防止着火的危险！

地球也是星球之一，它的成分是什么呢？地球的成分实在多得很，所以另立一章，专门叙述。

第十六章　元素周期表

　　本书写完前章，可算正文已毕，再续这一章的用意，是要列出元素表来，即当作附录，也很确当。

　　这个表上许多名字，同学们是很少听到，且有许多字是很奇特的。但这些成分，确是组成地球的材料。

　　将各种不同的元素，依其原子的轻重列成下表。元素名称的右上角是什么符号呢？这是一种简单的写法，化学家专用以代替各种元素的名称的，譬如有一位同学名字叫作Kathleen，常简写为K，但在下表中，K就是代表钾。

　　同学们要注意，化学家有时取英文名字的第一字母或前两个字母用以代表元素。有时采用拉丁字的前两个字母，如Cu代铜，是从Cuprum一字而来。为什么不用C呢？因为已经用C代表碳了。

　　这些元素符号对于明示化合物的组成很有用途。例如水，化学家就写为H_2O，读过化学的人，一望而知是水了，因早已知道水的每个分子是两个氢原子和一个氧原子化合而成的。

　　再用三个符号来表示一种化合物，例如写出H_2SO_4。同学们检视化学元素表，很容易检出是由什么元素构成的。我们读起来，是一个硫酸分子由两个氢原子、一个硫原子和四个氧原子构成的。这些原子组成的分子, 就代表硫酸的粒子。同学们记好, 手指上切勿沾染硫酸, 沾到要烧烂皮肉的! 也不能沾染到衣服上, 沾到衣服即腐蚀成洞!

末了, 还对同学们有些期望: 同学们读完了这本书, 绝不会有人觉得所获得的化学知识, 已极丰富。我写到此地, 已不下六、七万言, 不过是开启化学研究之门, 好让同学们进去侦查 "化学宝藏" 中许多有趣而神秘的事实。若从此能奠定了坚强的基础, 他日长大成人时, 专心致力于化学的探讨, 说不定会有伟大的贡献, 造福人群! 希望同学们努力!

元素周期表

Periodic Table of the Elements

原子序数—1 H 氢 1.008

- H — 元素符号
- 氢 — 元素中文名称（注 * 的是人造元素）
- 1.008 — 相对原子质量（加括号的数据为该放射性元素半衰期最长同位素的质量数）

1	2	3	4	5	6	7	8	9	10	11	12	13	14	15	16	17	18
1 H 氢 1.008																	2 He 氦 4.003
3 Li 锂 6.941	4 Be 铍 9.012											5 B 硼 10.81	6 C 碳 12.01	7 N 氮 14.01	8 O 氧 16.00	9 F 氟 19.00	10 Ne 氖 20.18
11 Na 钠 22.99	12 Mg 镁 24.31											13 Al 铝 26.98	14 Si 硅 28.09	15 P 磷 30.97	16 S 硫 32.06	17 Cl 氯 35.45	18 Ar 氩 39.95
19 K 钾 39.10	20 Ca 钙 40.08	21 Sc 钪 44.96	22 Ti 钛 47.87	23 V 钒 50.94	24 Cr 铬 52.00	25 Mn 锰 54.94	26 Fe 铁 55.85	27 Co 钴 58.93	28 Ni 镍 58.69	29 Cu 铜 63.55	30 Zn 锌 65.38	31 Ga 镓 69.72	32 Ge 锗 72.63	33 As 砷 74.92	34 Se 硒 78.96	35 Br 溴 79.90	36 Kr 氪 83.80
37 Rb 铷 85.47	38 Sr 锶 87.62	39 Y 钇 88.91	40 Zr 锆 91.22	41 Nb 铌 92.91	42 Mo 钼 95.96	43 Tc 锝 [98]	44 Ru 钌 101.1	45 Rh 铑 102.9	46 Pd 钯 106.4	47 Ag 银 107.9	48 Cd 镉 112.4	49 In 铟 114.8	50 Sn 锡 118.7	51 Sb 锑 121.8	52 Te 碲 127.6	53 I 碘 126.9	54 Xe 氙 131.3
55 Cs 铯 132.9	56 Ba 钡 137.3	57-71 镧系 La-Lu	72 Hf 铪 178.5	73 Ta 钽 180.9	74 W 钨 183.8	75 Re 铼 186.2	76 Os 锇 190.2	77 Ir 铱 192.2	78 Pt 铂 195.1	79 Au 金 197.0	80 Hg 汞 200.6	81 Tl 铊 204.4	82 Pb 铅 207.2	83 Bi 铋 209.0	84 Po 钋 [209]	85 At 砹 [210]	86 Rn 氡 [222]
87 Fr 钫 [223]	88 Ra 镭 [226]	89-103 锕系 Ac-Lr	104 Rf 𬬻* [265]	105 Db 𬭊* [268]	106 Sg 𬭳* [271]	107 Bh 𬭛* [270]	108 Hs 𬭶* [277]	109 Mt 鿏* [276]	110 Ds 𫟼* [281]	111 Rg 𬬭* [280]	112 Cn 鿔* [285]	113 Nh 鿭* [284]	114 Fl 𫓧* [289]	115 Mc 镆* [288]	116 Lv 𫟷* [293]	117 Ts 鿬* [294]	118 Og 鿫* [294]

镧系	57 La 镧 138.9	58 Ce 铈 140.1	59 Pr 镨 140.9	60 Nd 钕 144.2	61 Pm 钷* [145]	62 Sm 钐 150.4	63 Eu 铕 152.0	64 Gd 钆 157.3	65 Tb 铽 158.9	66 Dy 镝 162.5	67 Ho 钬 164.9	68 Er 铒 167.3	69 Tm 铥 168.9	70 Yb 镱 173.1	71 Lu 镥 175.0
锕系	89 Ac 锕 [227]	90 Th 钍 232.0	91 Pa 镤 231.0	92 U 铀 238.0	93 Np 镎 [237]	94 Pu 钚 [244]	95 Am 镅* [243]	96 Cm 锔* [247]	97 Bk 锫* [247]	98 Cf 锎* [251]	99 Es 锿* [252]	100 Fm 镄* [257]	101 Md 钔* [258]	102 No 锘* [259]	103 Lr 铹* [262]

图书在版编目（CIP）数据

神秘的化学 /（英）吉布森著 ; 刘遂生译 . -- 北京 :
团结出版社 , 2020.7
（给孩子的化学三书）
ISBN 978-7-5126-7943-6

Ⅰ . ①神… Ⅱ . ①吉… ②刘… Ⅲ . ①化学—青少年
读物 Ⅳ . ① O6-49

中国版本图书馆 CIP 数据核字（2020）第 096608 号

出版： 团结出版社
（北京市东城区东皇城根南街 84 号 邮编：100006）
电话：（010）65228880 65244790 （传真）
网址： www.tjpress.com
Email： zb65244790@vip.163.com
经销： 全国新华书店
印刷： 北京天宇万达印刷有限公司

开本： 170×230 1/16
印张： 35
字数： 485 千字
版次： 2020 年 8 月 第 1 版
印次： 2021 年 6 月 第 2 次印刷

书号： 978-7-5126-7943-6
定价： 118.00 元（全 3 册）